才藝訓練&親膚關

# 兔子的快樂遊戲

漢欣文化事業有限公司
Han Shin Cultural Enterprise Co., Ltd.

跳躍也是我的拿手好戲。
看！我很厲害吧！

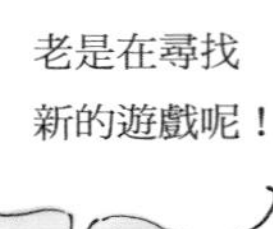

好像可以讓我們
變得更親密呢！

# 前言

給迎接兔子這個寶貴生命做為家人的各位讀者們。

有兔子相伴的生活是──時而有心靈相通的幸福，時而有「不知道牠在想些什麼」的煩惱，是各種發現和驚奇的連續。

雖然兔子被認為是幾乎不會叫、算是比較容易飼養的寵物，但還是有一些創意可以讓你和兔子的生活更加舒適、更有樂趣。其中之一是滿足兔子野生本能的「遊戲」，再來則是教養和教導才藝的「響片訓練」。

兔子不只是外表可愛而已，牠們其實是非常聰明的動物，身體能力也很出色。每天的快樂「遊戲」可以給兔子的頭腦帶來良好的刺激，養出聰明的兔子。另外，「響片訓練」則能讓兔子與生俱來的能力開花，發展出擅長的行動。在本書中，將基於這樣的訓練而讓兔子學會的厲害（可愛）行動稱為「才藝」。兔子是很聰明的，為了想要獲得稱讚或是得到獎勵品，就會認為「這樣做很好！」而變得更加有幹勁。

本書收錄的遊戲和才藝，不只是會讓人大呼驚奇的高難度動作，而是以任何人、不管幾歲的兔子都能開始的動作為主。不是為了要向人炫耀，而是為了要讓自己和兔子能過著更加快樂的生活，請務必從今天開始就來挑戰吧！

# Contents

人家最熱衷
理毛了！

# 必須知道的兔子的基礎知識

## 關於兔子的個性

兔子會因為品種、性別、年齡、性格等而各有擅長、不擅長的行動。請不要勉強牠學習不擅長的動作。另外，即使是平常溫順的兔子，到了發情期還是可能會變得難以捉摸。

## 關於兔子的習性

兔子是夜行性（正確地說，是在黎明和傍晚時會變得活潑）的。對兔子而言的白天，相當於對人類來說的夜晚。在兔子的行動變得活潑的傍晚～夜晚的時段，最適合進行肌膚接觸和才藝訓練。

## 關於兔子的集中力

兔子能夠集中的時間，雖然會依不同個體和當天的身體狀況等而異，不過一般來說約為10～20分鐘左右。長時間的遊戲或訓練一旦造成負擔，可能會危害到健康。還是在適當的時間結束吧！

## 關於讓兔子遊戲的環境

遊戲和訓練的時候，請緊閉門窗以免兔子逃脱。還有，除了要注意掉落意外，也請先將兔子咬到會有危險的東西收起來。

## 關於兔子的玩具

本書中出現的玩具，除了註明可在負責監修的「兔子的尾巴」購得的東西之外，其他都是將飼主或製作團隊的私人物品（雜貨等）加工而成的兔子用品。請在確認過安全性後，活用身邊的物品。另外，P18起有介紹玩氣球的兔子，不過要讓兔子玩氣球時，請在旁邊守護，以免發生意外。

Case01

# 甚至出版寫真集的兔子界小偶像正沉迷在零食的滾瓶遊戲中！

## 荷蘭侏儒兔的MOQ

名字：MOQ
種類：荷蘭侏儒兔
性別：雄性
年齡：6歲
性格：溫和而怕生。愛吃鬼
特徵：體型嬌小，經常散發著天真爛漫的魅力

# 可愛到不可思議的MOQ。其實是個愛吃鬼！

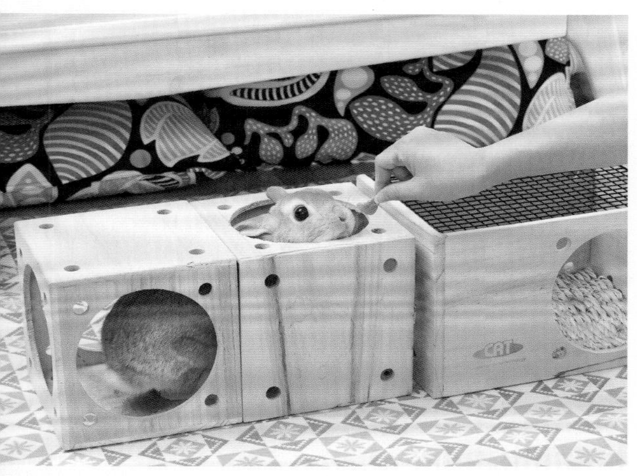

（上・下）正躲在洞洞樂方箱裡，一拿牠愛吃的東西靠近，就會像打地鼠遊戲中的地鼠般探出頭來。

最近也習慣讓人抱了。

向總是照顧牠、長時間待在一起的媽媽表現出撒嬌的一面。

因為寫真集《うさぎのモッキュ様》（PIE International出版）而一躍成名的MOQ。在第6次的生日獲得盛大的慶祝，已經長成散發出成熟魅力的兔子了。如果換算成人類的年紀，大概已經50多歲了吧！即使如此，仍然保持著二頭身的可愛比例，還有漆黑晶亮的水汪汪大眼。看起來有如嬰兒般可愛，動起來則生氣蓬勃、青春洋溢！而且牠最愛飼主了，和飼主非常親近。這麼可愛又親人的兔子，到底是怎麼養出來的呢？

MOQ和家人生活在名古屋的城郊住宅區。在家人聚集的客廳一角設置有MOQ的籠子和遊戲場，MOQ很自然地處在家人團圓的中心位置。就像家人般受到爸爸、媽媽、飼主兒子3人的疼愛。

據說，「MOQ本來最喜歡的是之前擔任餵飯工作的爸爸，不過最近換成媽媽負責，所以變成最喜歡媽媽了。」MOQ的照顧工作全由媽媽來做，所以牠似乎總黏著媽媽。只要將MOQ的食物拿在手上，牠就會以飛快的速度跑過來。

「牠最近很喜歡在牧草中拌入香蕉泥的點心。MOQ對食物非常執著，一看到食物就會翻著白眼跑過來哩！」

木質地板會滑腳，所以散步只到地墊的末端為止。

吃飯正是生活的樂趣所在。

（左・上・下）滾動零食瓶的瞬間才藝。想要吃到東西，活用腦筋也是很重要的。

# 用餐時間也可以變成遊戲時間。有點小樂趣的「滾動遊戲」。

（上・右）MOQ專用的帳篷，鋪上讓人聯想到草原的綠色粗毯。媽媽稱之為「腦內遛兔」。

話說MOQ過著如此食慾全開的生活，為了善加利用牠旺盛的食慾，媽媽和MOQ發明了新的遊戲。

「我經常會在圓弧形的玻璃瓶中裝入葡萄乾之類的果乾，於是MOQ就自己把它滾動來玩了。MOQ知道裡面有自己愛吃的東西，好像已經學習到只要在人前滾動它，就可以讓人把裡面的食物拿出來。」媽媽說。

讓MOQ實際做做看，只見牠很靈活地用鼻端滾動瓶子。當然，牠的目標大概是食物，不過滾動遊戲本身似乎也很有樂趣。的確，在自然界中，必須要自行使用頭腦和身體來取得食物，所以寵物兔也要稍微用點頭腦和身體才行！這樣的玩心或許正是MOQ活潑健康的秘密吧！

表演滾瓶子，獲得裡面的食物而大感滿足的MOQ。接下來是散步和遊戲的時間。原以為牠會到處跑動，結果卻是一下子鑽進木製的方型玩具箱中躺臥，一下又探出頭的，各種遊戲玩得不亦樂乎。然後，又是跑進飼主兒子的帳篷，又是跑進MOQ自己的小帳篷裡，運動量非常大。不過，MOQ的腳不適合走在木質地板上，所以行動範圍僅限於地墊上面。對體型嬌小的MOQ來說，這樣或許正是剛好的運動空間了吧！

沙發茶几下方對MOQ來說也是絕佳的隱藏地點。

在媽媽的腳邊
打轉～♪

可以讓MOQ的身體完全鑽入的樹幹屋。
只要進入裡面就會感到安全・安心。

（上・下）心情好的時候會在媽媽的腳邊繞圈圈。媽媽如果唱歌加入遊戲的話，MOQ就會更加興奮。

躲起來就安心
了喲！

方箱可以將好幾個接起來玩，所以不會讓好奇心旺盛的兔子感到厭膩。

# 人和兔子過著自然地接受彼此、心靈相通的生活。

那麼，MOQ是如何度過一天的呢？一問之下……

「7點用完早餐後，就讓牠從籠子裡出來，在房間裡自由玩耍。不過，早上通常會被小孩子亂摸，所以牠大多躲在樹幹屋或木製方箱中。然後，一直到中午之前都會在籠子外面發呆放空，或是玩躲貓貓遊戲等，自由活動。大概從傍晚5點後才漸漸變得活潑，到了6點，就是期待的晚餐時間。之後會自由玩耍，或是一邊吃零食，一邊四處遛達，一直到大人睡覺的晚上12點左右。」

MOQ在有大人看著的時候，籠門是打開的，能夠自由出入。要排便或排尿的時候，會乖乖回到籠子裡，上完廁所後再繼續玩。只要從小就做好如廁的教養，兔子的生活也可以變得如此自由。不但不容易變得運動不足，也可充分獲得和家人的親膚關係。MOQ，真是幸福！

（上・右）有大人看著的時候，採取放養的方式。出入口安裝有木製斜坡。

中斷遊戲進行理毛。MOQ雖然是男生，但卻很愛乾淨呢！

和MOQ的寫真集《うさぎのモッキュ様》（PIE International出版）拍記念照。

對各種東西顯示興趣的知性好奇心，就是年輕的秘訣!?

媽媽說：「因為MOQ是神，所以要用黃金容器上供（笑）。」這是出自於工匠的黃銅手工製品。

# 拍照、寫部落格，也是飼養寵物的樂趣之一。

設置在電視櫃前的MOQ的遊戲空間。是家人團聚的中心。

到處走累了，就在家具下方休息。累趴的樣子好可愛。

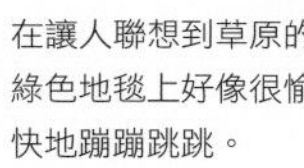

在讓人聯想到草原的綠色地毯上好像很愉快地蹦蹦跳跳。

最後，請教了和MOQ相遇的契機。

「我們夫妻倆一直想著要飼養什麼寵物。我很喜歡某個貓咪的部落格，所以剛開始曾經想要養貓。牠的照片拍得很棒，還有出寫真集哦！那時想，如果養貓的話我也要寫部落格！不過當時住的公寓是租的，禁止飼養貓狗。之後經過各種考慮，因為爸爸以前養過兔子，所以就決定飼養兔子了。」媽媽說道。

就如當初計畫的，媽媽開始寫部落格，但是比較起來，她更熱中於在YouTube上投稿，或是在Instagram上發照片。這些作品瞬間走紅，受到出版社編輯的青睞，最後發行了寫真集。寫真集的標題是《うさぎのモッキュ様》。所有的照片全由媽媽拍攝。因為曾經擔任過婚紗攝影師，所以拍照技巧無可置喙。最重要的是，擷取自日常生活中的每一張照片裡都充滿了愛。

「在YouTube和Instagram上，有很多『因為MOQ的影響而開始養兔子』的留言，所以當有人來談寫真集時，我對出版社說：『希望寫真集的內容不是只有MOQ而已，也要對今後想養兔子的人或是已經飼養的人，傳達出要愛惜兔子的訊息。』對我來說，既然養了兔子，就要一心一意於兔子。我覺得所有的兔子都是神呢！」媽媽說著說著不禁笑了出來。

Case01 MOQ

Case02

# 啣著氣球到處跑的
# 毛茸茸白兔，
# 有快樂的夥伴加入了！

荷蘭侏儒兔
×獅子兔混種
的
Moco

名字：Moco
種類：荷蘭侏儒兔（白色）和獅子兔（褐色）的混種
性別：雄性
年齡：2歲
性格：不怕生的和平主義者
特徵：擁有啣著氣球到處跑的特技

# Moco 總是沉迷在氣球遊戲中！

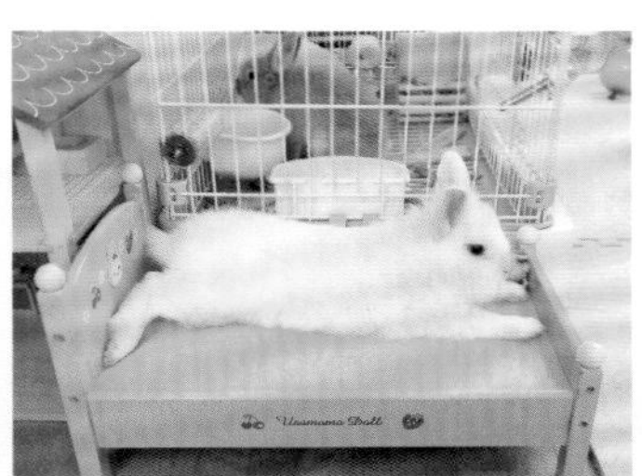

玩具屋的床鋪，剛好是Moco的絕佳休息場所。

來回跑了幾分鐘，力氣用盡就癱坐下來了。

在影片網站YouTube上以擁有壓倒性人氣為傲的超級兔子。那就是全身雪白、毛茸茸的兔子Moco。有著圓滾滾的體型加上雪白蓬鬆的被毛，像布偶般超級可愛的外表，是來自於雙親的「優質遺傳」。Moco的爸爸是白色的荷蘭侏儒兔，媽媽則是褐色的獅子兔（特徵是臉部周圍有毛茸茸的飾毛）。此外，Moco不只是可愛而已，還有「啣著氣球到處跑」的厲害特技。

「在牠還是幼兔的時候，就對4歲兒子的玩具氣球顯得很有興趣。之後，會將氣球啣住或是加以滾動，當我稱讚牠『Moco好厲害哦！』後，可能是心情更好了吧，就經常會這樣做。現在已經是每天的功課了。」Moco的媽媽說道。

不過兔子的牙齒很銳利，為什麼不會咬破呢？

「開始玩氣球才1個禮拜，牠就學會只要咬住氣球的吹嘴部分就不會破掉的技術了。」兔子可真是聰明啊！

只要咬住這裡就不會破了喲！

一啣住氣球，眼睛就變得炯炯有神，傳達出好像很快樂的感覺。

啣著氣球往廚房去。
會靈活地穿過椅子下方。

休息模式的Moco是沒有防備的。媽媽偶爾會把氣球放在牠身上玩。

雖然害怕，但還是想去外面……

絨鼠咪咪的背影就像「小龍貓」一樣。散發著婀娜多姿的魅力。

喜歡玩具屋的露台。
咪咪總是待在這裡。

# 增加同伴後，Moco一家更熱鬧了。

臉部周圍蓬鬆柔軟的毛是小麥的魅力點。

Moco的玩心並不止於啣著氣球到處跑而已。牠還表演了用啣著的氣球碰撞並彈開其他氣球的「保齡球遊戲」。

「原本只是咬住或是彈開氣球而已，不過最近已經能將氣球放在頭上保持平衡，或是啣住氣球帶過來了。」媽媽說。

到底還是夜行性的兔子，好像一到傍晚，興奮度就提升了，休息一下後玩氣球，再休息一下又玩氣球……就這樣一直玩。Moco，真是活力十足！

此外，最近Moco也增加了人類以外的家人。那就是從寵物店帶回來的絨鼠（老鼠的一種，現在1歲）。性別是雌性，因為耳朵有部分缺損，所以命名為咪咪（音同耳朵）。而且就在最近，Moco的老婆生下的孩子中也有1隻來到了家中，因為是小麥色的，所以名字就叫小麥。

一下子變得熱鬧非凡的Moco家。大家都快樂地到處玩。

「小麥現在正是食慾全開的時期，比起玩耍，更熱衷於吃飯。不過，因為看著Moco有樣學樣的關係，牠也學會氣球遊戲了，偶爾會表演給我們看。有趣的是，牠雖然是兔子，卻會用讓人眼睛跟不上的速度做『絨鼠猛衝』。兔子通常是跑一下後會東張西望，再跑一跑再東張西望的，可是小麥卻完全沒有停下地猛衝。這大概是受了絨鼠咪咪的影響吧！」

為了心愛的兔子們，
經常備有新鮮蔬菜。

正在成長、食欲旺盛的小麥。
在Moco的影響下，也開始對氣
球有了興趣。

# 3隻3種個性。但還是過著和平的同居生活。

在追著氣球到處跑時用兩隻腳站起來的Moco。眼神超級認真。

那麼，為什麼大家能夠如此相親相愛呢？

「剛開始讓Moco和咪咪碰面時，Moco顯得很有興趣，咪咪卻只是到處逃竄。不過，因為Moco很乖巧，從來不曾咬人，所以我自己是打從心底覺得安心。現在牠們的感情已經完全融洽了，有時咪咪還會按摩Moco的身體哦！以往好像沒聽說過絨鼠和兔子和睦相處的例子，所以也有人會說『竟然可以一起飼養，真讓人羨慕』。」

大家和睦相處的秘訣就在於Moco的「成熟力」。據說當膽小的咪咪對飼主兒子張嘴大咬，表示「不要再碰我了！」時，Moco就會立刻趕到。溫柔的Moco會挨近飼主兒子身邊，好像一直很擔心似的，這個插曲正說明了Moco的獨特之處。

「Moco和小麥不會同時出來房間裡玩，但牠們似乎都會隔著籠子說悄悄話。咪咪和小麥一起玩是OK的。所以比起爸爸Moco，小麥受到咪咪的影響還更大些。因此，與其說是兔子，倒不如說牠就像絨鼠一樣。」

模仿咪咪，沉迷在將並排的玩具弄倒的遊戲中。

父女倆好像正隔著籠子說悄悄話呢！

幫Moco理毛的咪咪。後面是小麥的籠子。3隻大集合！

咪咪和Moco的追逐遊戲。咪咪跑得超快！

和小動物在一起生活
的小學生兒子。

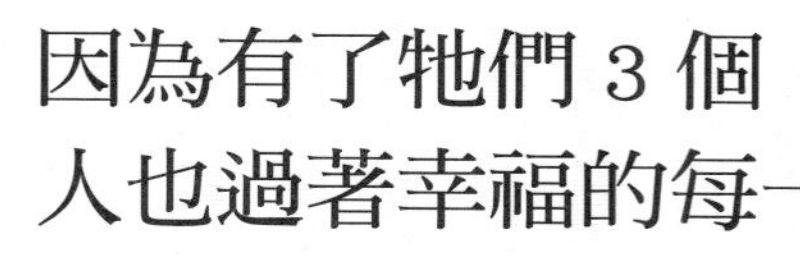

# 因為有了牠們 3 個，人也過著幸福的每一天。

（左・下）將玩具並排在電視櫃上，咪咪就會趁人不注意時大膽地推倒。

學會絨鼠猛衝和氣球遊戲的小麥。一有人靠近就逃之夭夭、但卻會跟Moco一起靠著睡覺的咪咪。不為任何事物所動、我行我素的Moco，以前都不在籠子裡睡覺的，但因為模仿咪咪而開始會在籠子裡睡覺……這3隻因為有緣而開始同居生活、個性迥異的同伴們在彼此的互相影響下，過著快樂的每一天。

多麼和平的兔兔生活啊……正當這麼想著時，小腿肚不知道被什麼東西碰了一下。一看之下，只見咪咪正以飛快的速度逃走……

「應該是希望人家去逗弄牠吧！看似沒有在看，其實正在觀察的咪咪。雖然一有人接近就會逃走，但其實是想和大家相親相愛的，所以才會像這樣，趁人不備時跑來碰一下之類的，非常有趣。最近牠會弄倒並排在電視櫃上的玩具，以人的反應為樂。那個時機也很妙，因為小麥竟然也學會了。大家都來弄倒玩具，或是啣著氣球跑來跑去的，因為有了活力充沛的兔子和絨鼠，每天都能獲得療癒呢！」

Case02 摩可

很少在床鋪上睡覺的Moco。是受到隔壁咪咪的影響嗎！？

Moco的氣球奔跑曾經持續一整個晚上……（完）。

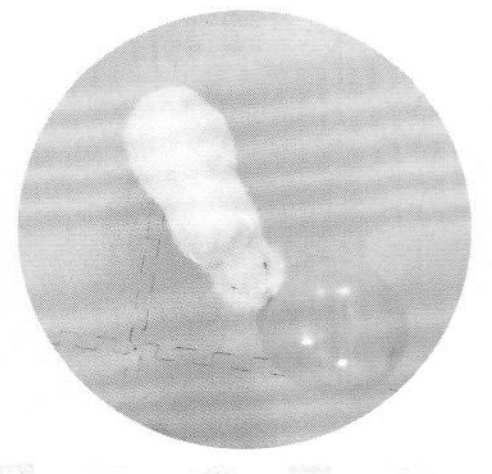

Ballooooooooooooooooooooooons♡

# Chapter1 兔子才藝 & 溝通的正規課程

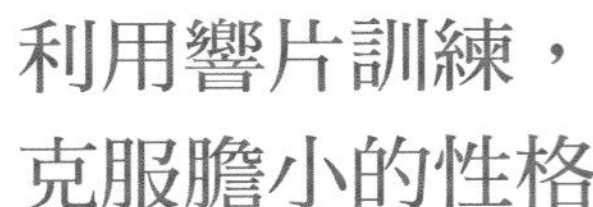

# 利用響片訓練，克服膽小的性格

響片不只是用來教導才藝，
也是能夠讓膽小的兔子
敞開心胸的科學性訓練工具。

## 響片是什麼？

這是只要按下按鈕就會發出「喀嗒」聲的簡單構造。是根據行動分析學的「正向強化」理論而研發的訓練工具。

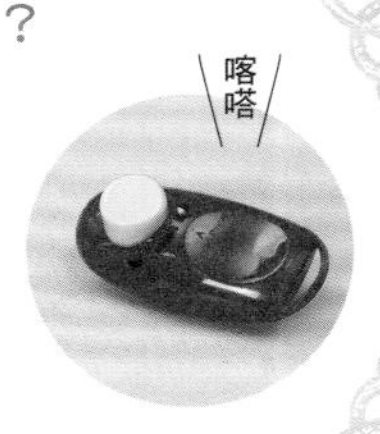

## 藉由響片訓練
## 讓兔子變得更聰明

兔子不僅是可愛而已，牠其實是腦筋很好的動物，還能夠解讀人類的感情。此外，藉由訓練，可以讓牠學會各式各樣的事物。例如以指令讓牠回來的「喚回」，或是以指令讓牠啣住東西運送的「搬運」等等。而能有效地教導這些事項的就是「響片訓練」了。

響片訓練是使用會發出「喀嗒」聲、稱為響片的工具來進行的。藉由這個訓練，可以讓兔子自己思考，自發性地進行飼主希望兔子展開的行動。

起初，響片的「聲音」對兔子而言是沒有任何意義的。然而，當兔子做了我們期望的行動後，發出響片聲然後給予「獎勵品」，就能讓兔子理解到「響片的聲音＝獎勵品＝快樂的事情」（稱為古典制約）。於是，兔子就會開始思考：我要做什麼事才會讓響片發出聲音並獲得獎勵品？

兔子也是「受到稱讚就會進步」的生物。只要將牠原本就擅長的行動加以強化・應用，不但可以變成可愛的「瞬間才藝」，也能讓牠學會乖乖坐在磅秤上，以便每天測量體重好進行健康管理。此外，藉由響片訓練，還能讓牠克服原本不喜歡的事物，轉變成最喜歡的事物，也可以應用在懷抱等的親膚關係上。

響片訓練的優點，在於飼主和兔子都能快樂地、在最小限度的壓力下進行練習。藉由一起挑戰，也可以加深彼此的信賴關係。

訓練的結果，在人聲的指令下，可以讓兔子坐到磅秤上。

「怎麼做才能讓響片發出聲音，獲得獎勵品呢？」可以提升兔子自行思考的能力。

以本來就會做的行動為基本，漸漸發展成可愛的「瞬間才藝」。

### 響片可以教導兔子的事情有？

【親膚關係系】

有些兔子會害怕身體接觸，一被抱起來就逃走。這是因為對於像兔子這般屬於獵物的動物來說，被抱起來會讓牠聯想到被敵人捕捉這件事。藉由訓練，讓牠也能喜歡上懷抱之類的身體接觸吧！還有，也能夠教會牠乘坐在膝蓋上。

【瞬間才藝系】

將牠本來就會的行動加以強化・應用，使之逐漸接近「期待牠做」的最終目標行動，就能讓兔子學會各式各樣的表演。例如，兔子平日會做的「跳躍」，可以教導牠配合人聲指令來跳過障礙物；或是充分發揮用嘴巴啣物的習性，讓牠能夠在指令下進行該行動。視飼主的創意和兔子的身體能力，能做到的事是無限大的！

# 撫摸兔子&愛情按摩

希望飼主能配合
響片訓練一併學會

雖然害怕，但還是非常喜歡
來自於信賴對象的身體接觸。
在此要教你兔子喜歡的按摩法。

**耳朵**

用指尖揉揉耳根部，耳根
到耳尖也可以輕輕地撫摸
過去。

**OK 鼻子和眼睛之間**

順著毛流，用指尖
進行撫摸吧！

**OK 臉頰**

輕輕地用指尖幫牠揉一揉。

**OK 背部**

先從這裡開始。從頭部到臀
部，用手掌撫摸。不過雌兔
可能會引發假懷孕的現象，
所以要有節制。

**下巴**

以讓貓咪咕嚕咕嚕叫
的感覺，撫摸下巴。

**OK 前腳**

輕輕地揉按相當於
貓狗蹠球的部分。

**NG 腹部**

這裡是敏感的部分，所以不可按摩。
基本上臀部、尾巴也請不要碰觸。

**後腳的
腳跟部分**

有些兔子也喜歡不用力、
帶有彈性的觸摸方式。

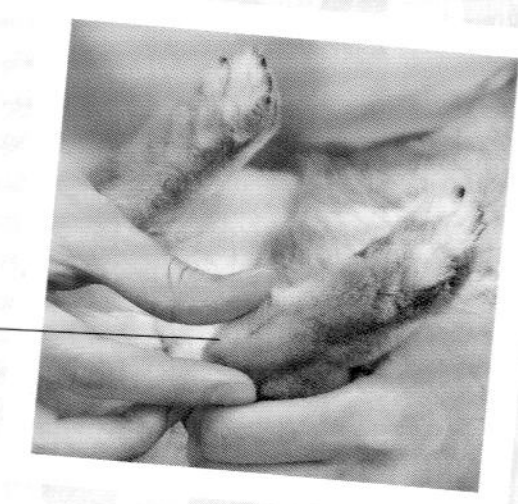

## 可以觸摸的部位、不可觸摸的部位

滑順蓬鬆的被毛讓任何人都不由得想要觸摸，是兔子的魅力之處。只是，觸摸方式如果錯了一次，有些兔子可能就不願意再讓你摸第二次了。兔子若是受了不喜歡的對待，似乎就會有記仇的傾向。

因此，事先知道兔子不喜歡被摸的點和喜歡被摸的點是很重要的。還有，觸摸方式也很重要，請注意要輕柔流暢的進行撫摸。

首先，絕對不能做的是拉耳朵和拉尾巴。腹部也是敏感的部位，所以不建議碰觸。除此之外，會讓兔子皺起眉頭或是發抖的部位也請避免。

喜歡被碰觸的部位有頭部（額頭附近）或下巴、背部（雌兔除外）等。只要溫柔地撫摸，應該都會讓牠舒服地閉起眼睛。撫摸頭部的時候，手最好順著毛流在鼻子和耳根之間活動。另外，如果輕柔地包覆住耳根，還有些兔子會出現心蕩神馳的表情。

當然，不同的兔子，被摸時感到舒服的部位也不一樣，最好一邊觀察一邊進行。此外，如果在兔子希望你不要理牠的時候硬要摸牠，只會被兔子討厭而已。當兔子希望你逗弄似地主動走過來時，就是進行身體接觸的最佳時機。從身體是否有異常等健康檢查的觀點來看，這也是很重要的，因此最好養成每天接觸的習慣。

### Point1

很多兔子都害怕人的手掌，所以當牠還不習慣時，請用手背撫摸。

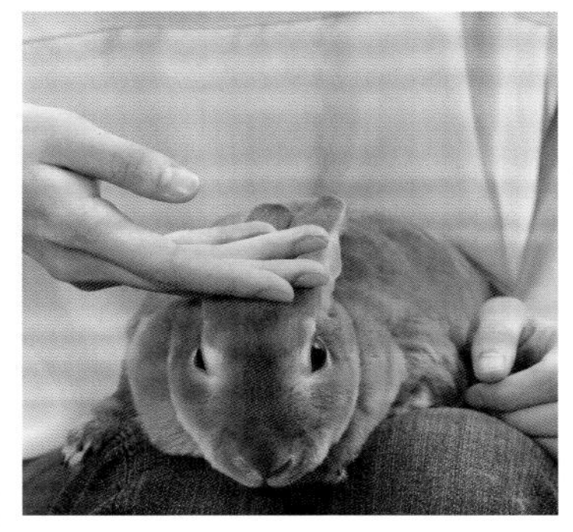

心蕩神馳♡

### Point2

建立親膚關係之後，就可以養成美容的習慣了。重點是要避免讓牠一被碰就產生厭惡的感覺。

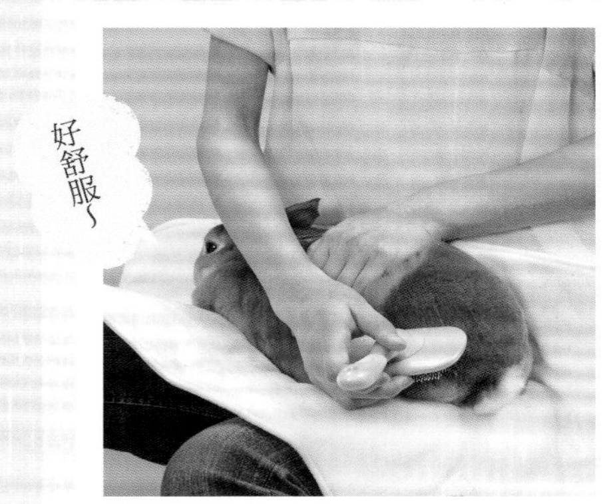

好舒服～

# 用於緊急時的「喚回」訓練

兔子雖然是任性的動物，

但還是先做好喚回訓練吧！

對於健康檢查和美容也很有幫助。

## 各式各樣的喚回訓練法

把兔子叫回身邊的「喚回」，是非常重要的訓練。在脫逃之類的萬一情況中，如果能叫回來的話，或許可以拯救兔子的性命，因此請確實地進行根據科學理論給予兔子回來動機的響片訓練。

教導方法的基本是，只要兔子朝向自己這邊，或是靠近過來，就要發出響片聲，給牠零食（以做為獎勵品）。（※響片的使用方法詳記於P58。）

當然，如果不使用響片，只以飼主的聲音指令就能喚回的話也是可以的。不要叫喚兔子的名字，而是利用「過來」之類的呼喚。這個時候，重要的是必須遵從「等待到自主性行動出現」這個響片訓練的基本，一直等待到牠主動過來為止。請避免一再地發出指令或是過度誘導。

在訓練時，經常會發生兔子不但不靠近過來，甚至連看都不看的情形。儘管如此，飼主還是不能自己走過去。重點在於要尊重自主性，以兔子的步調來進行訓練。「耐心等待」就是訓練兔子的秘訣。

在其他的方法上，不妨用響片教導牠「聽從指令坐在墊子上」。這和「喚回」的意義雖然不同，卻可以讓牠學會當人希望牠過來時，只要拿出墊子，牠就會坐到那上面。在應用上，如果將墊子放在膝蓋上，就算是不喜歡被抱的兔子，也會願意坐在膝蓋上。

在叫我呢！

### Let's try！ 使用墊子的喚回課程

不妨利用美容時用的防水墊等。附上只要待在上面就會有好事發生（響片發出聲音就可獲得零食）的條件，讓牠走到你希望牠來的地方。

# Goal
# 用指令讓牠坐在墊子上

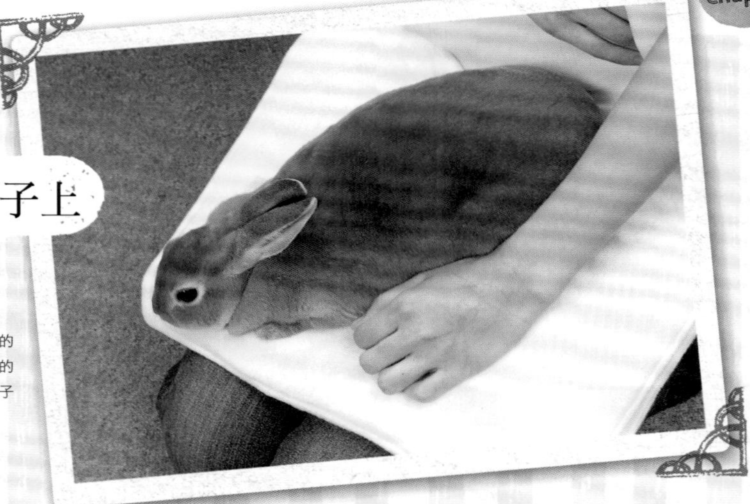

這裡使用的是美容用的墊子，但只要是兔子的腳不會打滑的任何墊子都OK。

## Lesson

### step 1 將墊子放在兔子的視野前面

將墊子放在兔子不會害怕的位置。只要兔子看向墊子或是走近的話，就響起響片聲，給牠零食。

### step 2 沒有看向墊子時就不作響

第一次看到墊子時，兔子可能會因為害怕而看都不看。這時響片就不發出聲音。

### step 3 腳（身體）一碰觸墊子就發出響片聲＆給予零食

只要有半個身子在墊子上，就要發出響片聲，給予零食。

### step 4 如果可以待在墊子上就發出響片聲＆給予零食

在全身爬上墊子的瞬間立即發出響片聲，給予零食。也可以在墊子上給兔子吃牠最喜愛的食物。如此反覆進行，就能讓行為固定下來。

# 正確的懷抱是
# 親膚關係＆教養的基本

對健康檢查或親膚關係也有幫助。

熟練懷抱的方法，

成為讓兔子喜愛的飼主吧！

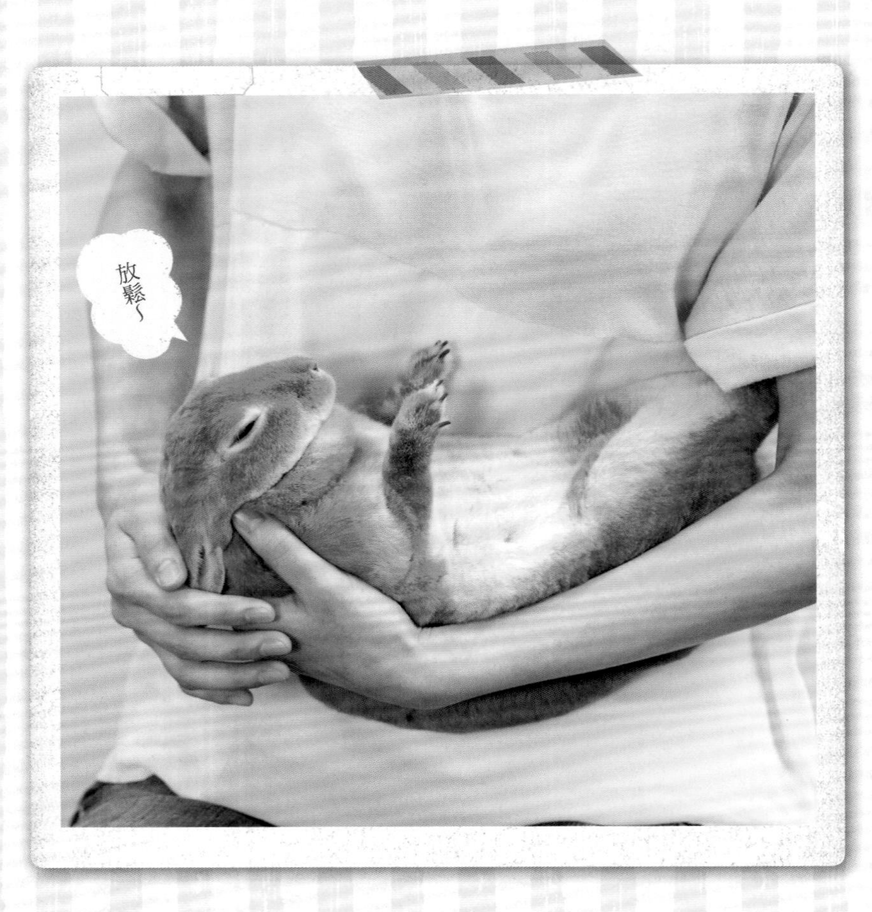

## 以狗或貓的感覺來抱可是會讓兔子討厭的！

只要是兔子的飼養書一定都會寫「懷抱的方法」。這是因為兔子並不是任何人都能輕易懷抱的動物。「兔子動來動去的根本無法抱牠！」——有這種煩惱的飼主似乎不少。

兔子是很脆弱的生物。在自然界中，總是與被敵人吃掉的危險比鄰而居。因為有這樣的記憶，被抱會讓牠聯想到被敵人捕捉的狀態，因而會出現抗拒反應。

雖說如此，但是寵物兔需要上醫院、進行健康檢查、美容或修剪指甲等，為了完成這些目的，懷抱也是有其必要的。當然，從親膚關係的觀點來看，讓牠願意給人抱也是比較好的。在理解「懷抱是可以經由練習做到的」之後，請確實地熟練不會讓兔子討厭的抱法吧！

首先，請有意識地練習下列事項：「不要碰觸到耳朵或腹部等會讓兔子討厭的部位」、「飼主本身也要放鬆」、「兔子一亂動就要拱起牠的身體讓牠穩定下來」。還有，練習的時候，兔子可能會因為厭惡而跳下，導致骨折的意外發生，這點也必須充分注意。

請熟練讓兔子覺得「我從來不討厭懷抱，在飼主的臂彎中最安心了！」這樣的懷抱吧！

## Point1

當兔子亂動或是顯得不喜歡的時候，只要讓牠拱起身體般地加以固定，就會溫順下來。請注意不要壓迫到胸部了。

## Point2

雌兔如果觸摸背部可能會引發假懷孕，所以請不要碰觸背部。

背部不行喲！

# Position1
# 膝蓋上的抱法

Let's try！

## 基本的抱法是「膝蓋上的抱法」

初學懷抱的人要從這種抱法開始。先跪坐在地板上再開始練習。如果臀部或腳不穩定的話，會讓兔子感到害怕，所以請注意要平穩地固定。雖然難以看到表情，卻可以照顧到從背部到臀部的廣大部分。

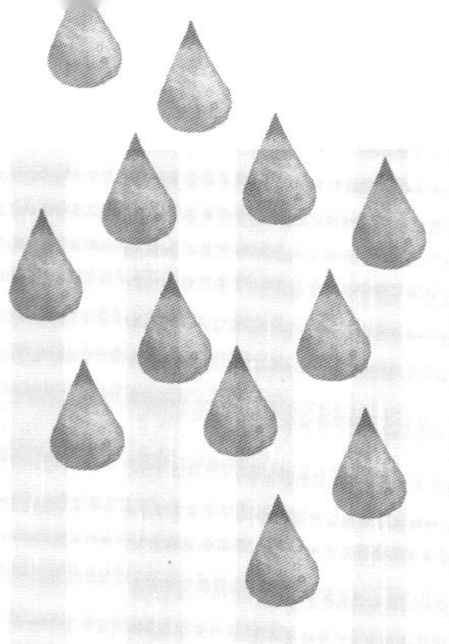

# Lesson

## step 1 將慣用手插入腋下，另一隻手托住臀部

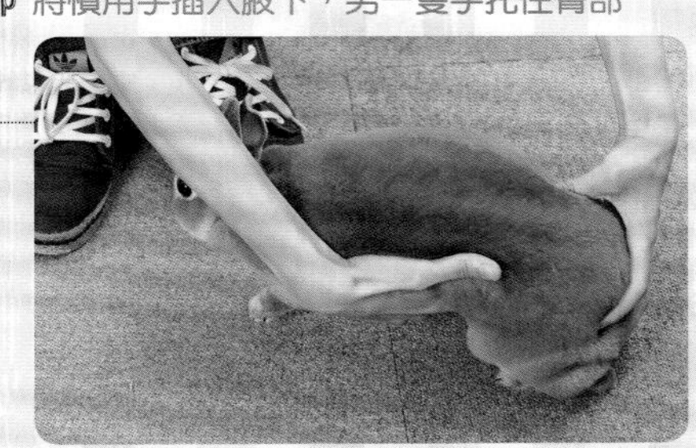

將慣用手插入兔子的腋下，另一隻手托住兔子的臀部。

## step 2 拱起兔子的身體，使其變得溫順

想像將兔子的背部圓圓拱起的形狀，一邊往自己的身體抱近。

## step 3 讓牠在膝蓋上穩定下來就算完成

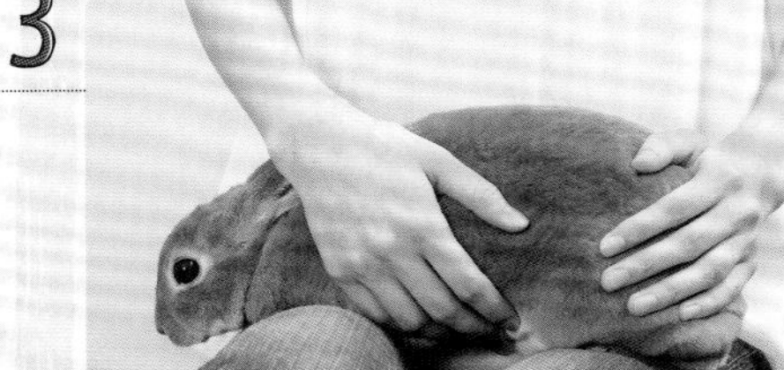

讓牠乘坐在膝蓋上穩定下來。也可以溫柔地對牠說「做得很好哦」之類的話，給牠零食。

## step 3 + and more..

### 也可以延伸成這樣的形態

從膝蓋上的抱法，也可以延伸成將兔子立在自己身體中心的抱法（照片上，從兔子背側或腹側任何一方抱住都可以），或是溫柔地將兔子的身體翻過來，將臀部夾入腋下的抱法（照片下）。請研究一下兔子喜歡的抱法吧！

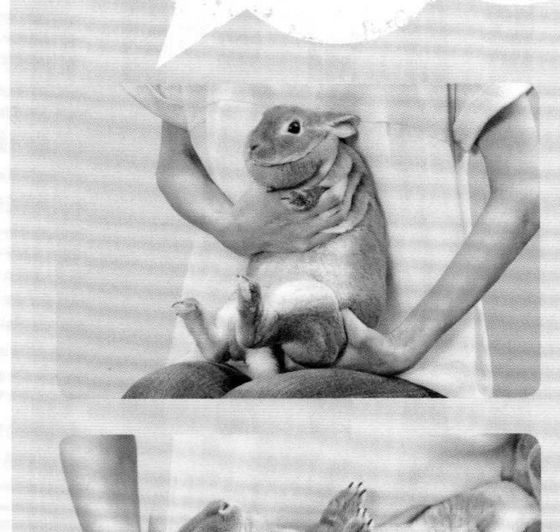

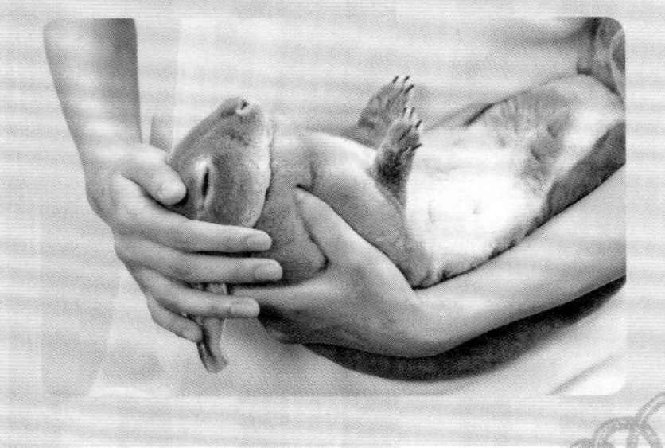

# Position2
# 身體中心的抱法

## Let's try！

**身體檢查時要用「豎立抱法」**

這是要抱著兔子移動時，很方便的抱法。

## Lesson

### step 1 將慣用手插入腋下，另一隻手托住臀部

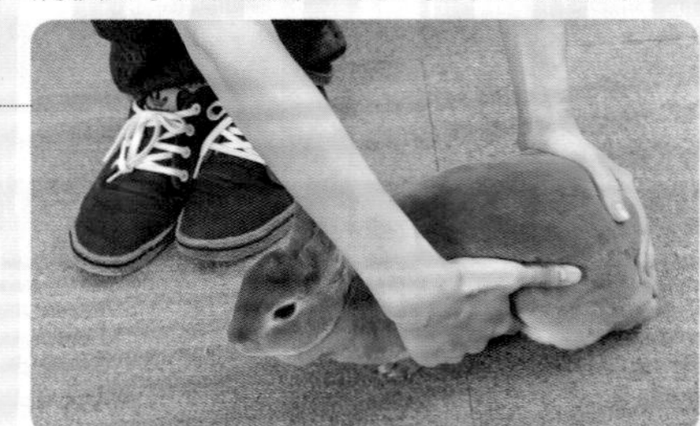

將慣用手插入兔子的腋下，另一隻手托住兔子的臀部。

### step 2 拱起兔子的身體，使其變得溫順

想像將兔子的背部圓圓拱起的形狀，一邊往自己的身體抱近。

### step 3 在膝蓋上面改變乘坐的方向

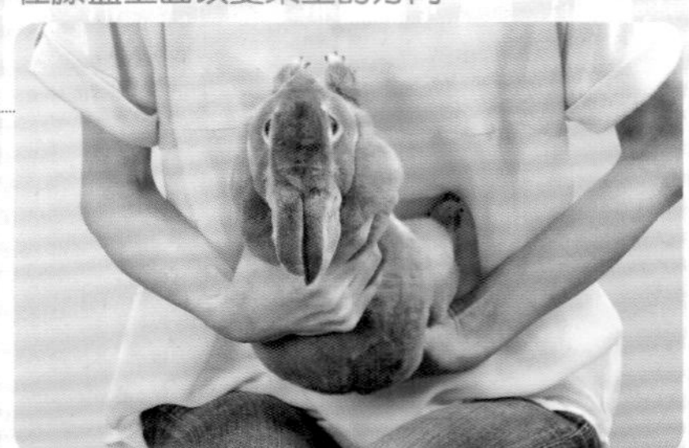

先讓兔子在膝蓋上穩定下來，然後將牠轉過來，沿著身體的中心線，讓頭部在上、臀部在下，彼此面對面地立起來。

### step 4 用雙手穩穩地抱住

身體中心的抱法完成了。接下來就可以展開「將頭部夾在腋下的抱法」、「將臀部夾在腋下的抱法」（兩者皆在右頁）了。

## step 4+and more..

### 由豎立抱法轉變成「夾住頭部的抱法」

因為是用腋下和手臂固定的，所以慣用手可以自由活動，以照顧兔子的下半身（※較重的兔子，慣用手最好不離開地幫忙固定）。

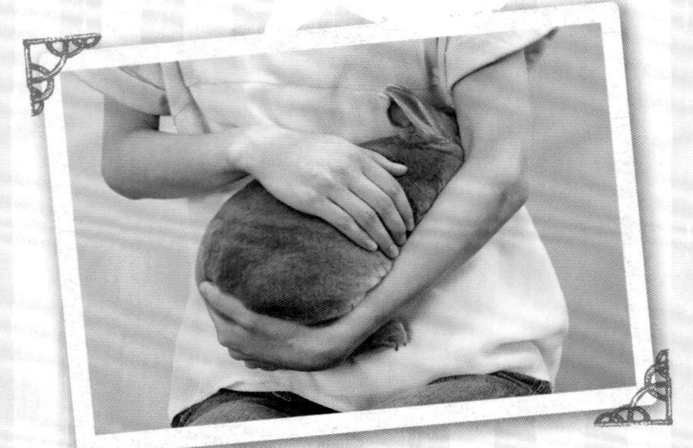

step 1

使用慣用手，將兔子的頭部帶到非慣用手側的腋下，輕輕夾住。

step 2

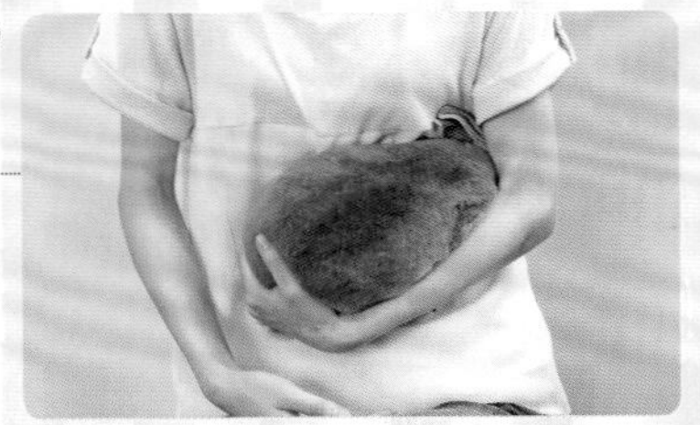

用腋下和手臂的力量夾住兔子般地固定。

## step 4+and more..

### 由豎立抱法轉變成「夾住臀部的抱法」

可以清楚看到臉部周圍，所以是檢查眼睛和牙齒時很方便的抱法。以非慣用手支撐，慣用手就可以自由活動了。

step 1

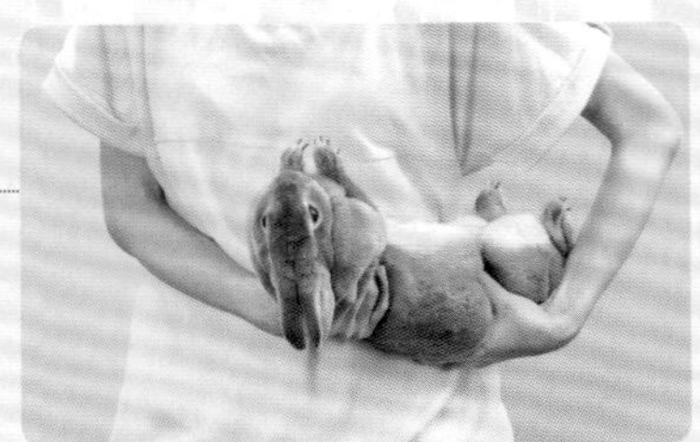

將自己的身體稍微往前傾，從頭部讓兔子呈仰倒姿勢，以非慣用手側的腋下夾住臀部。

step 2

將夾住臀部側的手放到頭部之後，固定兔子的身體。

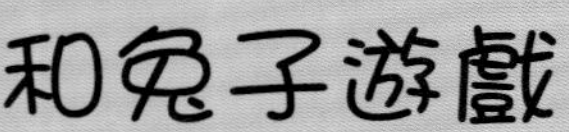

# 和兔子遊戲的理想房間

如果有個可以讓兔子自由奔跑的房間，不是很棒嗎？聆聽現役飼主的真心話後，在此重現理想的房間。

做為地震對策，較高的家具要使用預防傾倒的L型金屬片等固定。

將不想讓兔子馬上吃掉的食物，和兔子一不小心可能會吃掉的東西放置在高處，以預防誤食。

容易腐敗的蔬菜可以做成乾燥蔬菜。選擇小松菜或紅蘿蔔等可以給予兔子的蔬菜。利用曬乾網籃就會很方便。

窗戶或玄關等開口處要設置防止跳出去的柵欄。

如果設置木製的箱子，就能讓兔子玩躲貓貓或是啃咬了。

選擇就算兔子暴衝或跳躍，腳也不會打滑的地毯。建議使用毛腳短的種類。可將數片組合起來使用的方塊地毯，可以只將髒汙的部分拆下來清洗，非常方便。

兔子怕熱，所以在夏天要設置涼墊。坐在上面就可以降低溫度。

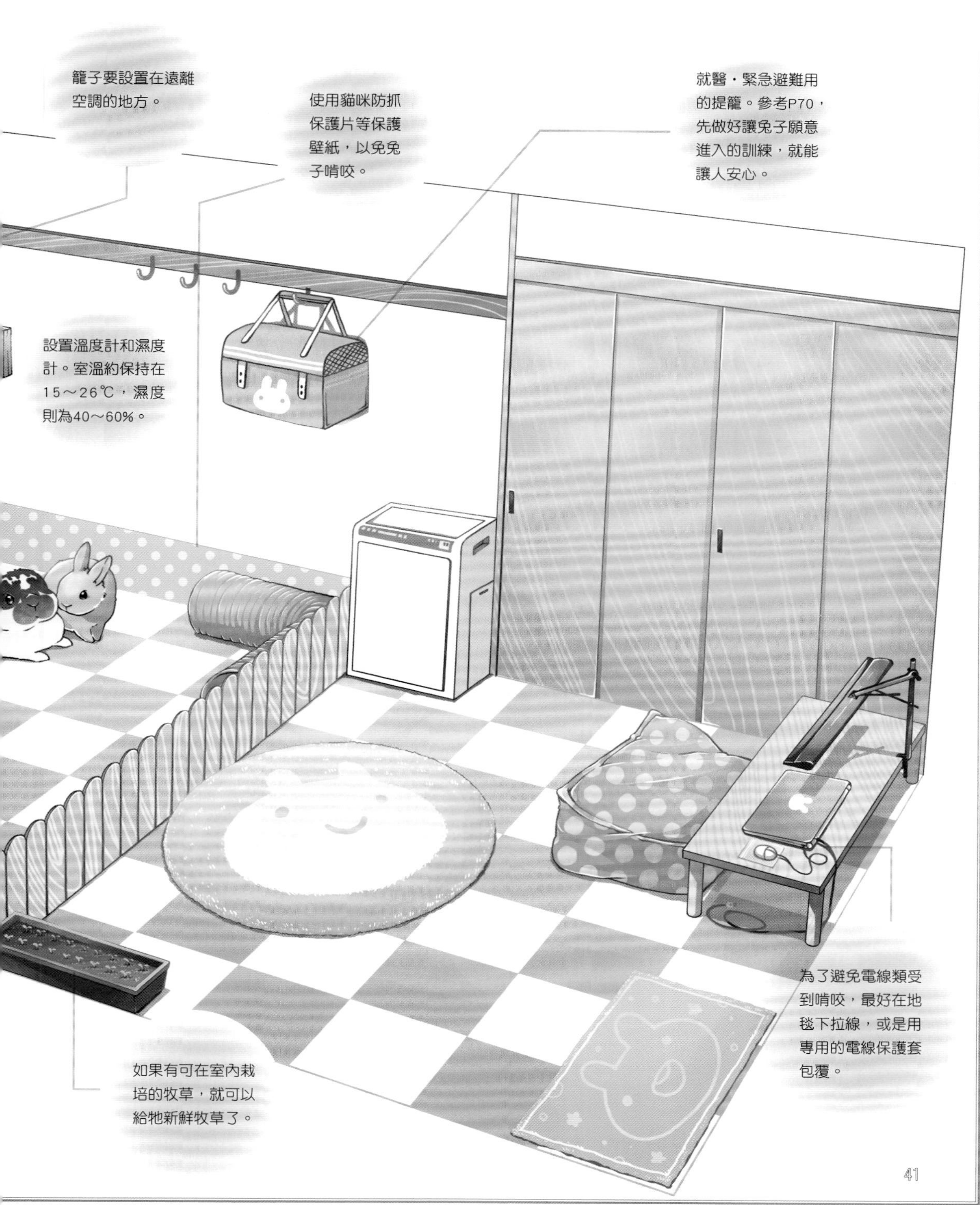

籠子要設置在遠離
空調的地方。
使用貓咪防抓
保護片等保護
壁紙，以免兔
子啃咬。
就醫・緊急避難用
的提籠。參考P70，
先做好讓兔子願意
進入的訓練，就能
讓人安心。
設置溫度計和濕度
計。室溫約保持在
15～26℃，濕度
則為40～60%。
為了避免電線類受
到啃咬，最好在地
毯下拉線，或是用
專用的電線保護套
包覆。
如果有可在室內栽
培的牧草，就可以
給牠新鮮牧草了。

# 用遊戲來養育聰明的兔子！

寵物兔過著不會被敵人攻擊、也不需要尋找食物的安樂生活。也正因為如此，以「遊戲」來滿足牠的本能是很重要的。

## 在此提案的是能夠滿足兔子本能的遊戲

寵物兔不同於野生的兔子，不僅不需要尋找食物、有舒適的窩可以待著，也沒有受到敵人襲擊的危險。雖然是安全的生活，不過對兔子來說卻未必全是好事。首先，除了會變成壓倒性的運動不足之外，基於本能的「挖掘」、「啃咬」等行為也會受到限制。

因此，「遊戲」就變得非常重要。兔子是很守時的動物，可以的話，請一天一次在固定的時間讓牠從籠子出來外面玩，以紓解壓力和體力。雖然有個體差異，不過大致的理想時間約為30分鐘～120分鐘。

在兔子遊戲時，請守護著牠以免發生意外。還有，最好能在出現疲累之前就讓牠休息。

在飼養狗貓、小鳥等寵物，或是動物園在飼養動物時也會採用的「foraging」法，效果也很好。所謂的foraging就是「覓食行為」。例如製作「將食物放入球中，只要加以滾動，食物就會掉出來」之類的機關，讓動物為了吃到食物而使用頭腦。這樣就會給腦部帶來良好的刺激。

要將這個方法應用在兔子身上時，可以在放牠出來房間玩的時候，在房間的各處隱藏食物，或是將食物放入啃咬也很安全的容器中，「多費一番工夫」好讓牠找尋食物，應該可以滿足牠覓食的本能。

在進行這樣的遊戲時，或許也能發現兔子新的才能。請愉快地在平常的生活中進行吧！

**Point1**

請視兔子的反應來採用不同的遊戲，以避免淪為飼主的自我滿足。

**Point2**

遊戲使用的玩具要選擇兔子就算啃咬也很安全的材質。萬一弄壞了也請不要生氣！

+Enjoy playing+

給喜歡狹窄處的兔子

# Play1
# 「進入」遊戲

## 滿足「隱藏本能」的紙袋躲貓貓

兔子非常喜歡躲藏在像巢穴一樣狹窄的地方。放牠出籠後，可能會鑽進家具的縫隙中，再也不出來了。

想要滿足兔子的這種「隱藏本能」，可以給予紙袋。雖然市面上也有販售隱藏玩具，不過使用購物紙袋，也比較不傷荷包。

準備稍厚材質製成的紙袋。提把用的繩子請先拿掉，以免誤食。

給喜歡挖洞的兔子

## Play2
## 「挖掘」遊戲

### 用挖木屑來滿足想要挖洞的需求

在此提案的是可滿足兔子「挖掘」本能的遊戲。

首先，準備好瓦楞紙箱和瓦楞紙板、木屑。在紙板上開個兔子可以通過的洞，將這塊板子放入紙箱中做出隔間，再鋪滿木屑。這樣就完成能夠讓兔子挖掘木屑前進，然後從另一頭出來的「挖洞遊戲」了。

這是名為「兔子挖挖屋」的販售商品，不過也能用家裡就有的材料自製。
提供：「兔子的尾巴」

+Enjoy playing+

給喜歡待在高處的兔子

# Play3「乘坐」遊戲

## 比平常還高的視線 讓兔子也有新鮮感

一從籠子出來就立刻跑到高處的兔子，最適合這個遊戲了。在此提案的遊戲是，在萬一掉下來也沒關係的高台上，讓兔子爬上跳下地玩。此時請選擇即使啃咬也安全的木製品。

由於視線比平常稍高，兔子也會有新鮮的感覺！?

使用百元商店也有販賣的園藝用檯桌。桌腳如果搖晃不穩，會讓兔子感到害怕，所以遊戲時最好用雙面膠帶等固定在地板上。

給喜歡啃咬東西的兔子

Play4

## 「啃咬」遊戲

### 啃咬、滾動……遊戲方法可隨兔子喜歡

兔子很喜歡啃咬東西。對於有啃咬籠子習慣的兔子，不妨在籠子裡放入木製玩具。照片中是木製的球，但稻草製的兔子也很喜歡。

此外，有些兔子會自己發明用鼻尖滾動玩具的遊戲，然後一直玩個不停。

item

以「啃咬玩樂球」的名稱販售的商品（附有垂吊於籠內的鍊子）。還有，因為中間是空心的，所以也能填塞食物，做為「foraging（覓食）」玩具使用。
提供：「兔子的尾巴」

+Enjoy playing+

給喜歡躲藏的兔子

Play5

# 「躲貓貓」遊戲

## 將牧草製的床鋪蓋在兔子身上看看

輕輕地將牧草製的床鋪蓋在兔子身上看看。在裡面待了一陣子後，會用頭頂起床鋪，突然探出頭地遊戲。

進進出出這件事，可以滿足想要躲藏在洞穴中的兔子本能。也可以平常就放在籠子裡面。

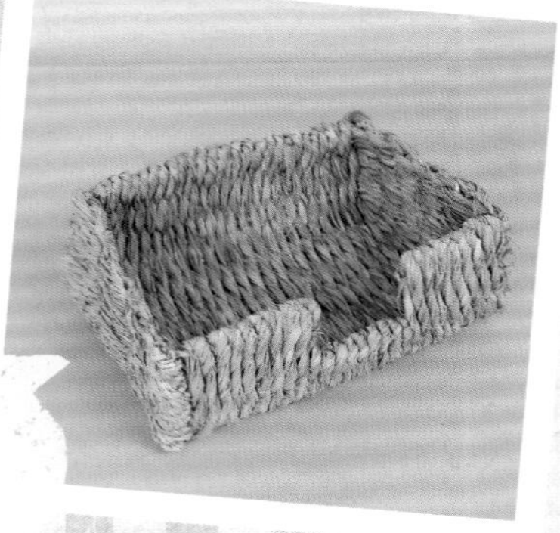

照片是以「小睡沙發」的名稱販售的商品。可以啃咬、食用、躺臥、玩躲貓貓遊戲等，玩樂方式隨兔子而定。提供：「兔子的尾巴」

+Enjoy playing+

8字步法的應用

## Play6 「一起來散步」遊戲

### 和兔子一起散步

有些兔子會像寫「8字」般地在飼主的腳間繞來繞去。這是一種愛情表現或是要求食物的表現。

這個時候，不妨注意避免踩踏到兔子地和牠一起走走，或是用腳背輕輕抬起兔子的身體等，做為親膚關係地一起跟牠玩。

**Point**

膽小的兔子不會這樣做。絕對不能強迫牠，請尊重兔子的自主性。

# 將用餐時間和點心時間變成遊戲的3個點子

使用身邊的東西，
將用餐時間變成快樂的遊戲。
兔子認真思考「要怎麼做才能
吃到零食？」的表情也堪稱一絕。

## Idea1
## 「哪個裡面有食物!?」

準備飯碗之類的2個容器，在其中一個裡面放入兔子喜愛的食物。放的時候讓兔子看到也沒關係。

對兔子說「哪一個!?」之後，如果裝有食物的那一個被猜中了，就把裡面的食物給牠做為獎賞。就算牠只是嗅聞正確容器的味道也算是猜對。

**只要能隱藏食物，任何用具都OK**

照片是使用人用的小碗。藏在紙袋中也很有趣哦！

item

利用家裡有的東西
快樂地玩！

照片中是使用保鮮膜的捲筒芯。將圖畫紙之類稍有厚度的紙捲成筒狀也OK。

## Idea2
## 「滾滾樂紙玩具」

準備厚紙捲成的筒狀物，或是保鮮膜的捲筒芯。開2～3個兔子喜愛的食物可以出得來的洞孔，裝入食物後將兩端的洞口封起來，拿給兔子。牠受到味道的吸引，就會滾動或是用鼻子去推。在各種嘗試中，牠就會漸漸學習到「食物會從洞孔跑出來」這件事。

item

最適合兔子
滾動的尺寸

果醬之類的空瓶是最適合的大小。請參考P10～的MOQ的滾瓶秀。

## Idea3
## 「滾瓶玩具」

將果醬之類的空瓶洗淨後晾乾。裡面裝入食物，兔子就可以享受把臉鑽進去吃的樂趣了。

還有，等兔子記住瓶子裡裝有食物後，不妨蓋上蓋子，放在兔子身邊。只要牠用鼻子去碰瓶子，就打開瓶蓋，發出響片聲，給予食物。反覆進行，就能成為「親吻瓶子」的瞬間才藝了。

附錄

**「和平常不同的容器」**

單純地使用和平常不同的容器給予食物也不錯。兔子會當作是新的體驗，應該會很高興吧！

# 開始「遛兔」吧！

在兔友間正逐漸盛行的

和兔子一起散步，通稱為「遛兔」。

在此充分預習後，就去實踐看看吧！

為了因應兔友們「想和兔子一起散步！」的需求，市面上已經推出許多可以牢固包住兔子身體的胸背帶了。

不管多麼溫順的兔子，都可能突然跑走，因此在家裡就要穿好胸背帶。如果到了外面才要配戴，穿戴中可能會有脫逃的危險。此外，這樣也可以防止兔子在移動時從提籠中跳出去。

對兔子來說，跟主人散步是和平日不同的新鮮體驗，可以成為腦部良好的刺激，進而紓解壓力。雖說如此，處在陌生的場所，對某些兔子來說卻也可能成為壓力。由於遛兔並非絕對必要的，如果兔子不喜歡就放棄，想想其他的遊戲吧！例如，在庭院等安全場所的一角設置圍欄，讓牠在裡面玩，對兔子來說也是很快樂的。

在開始遛兔前，先在家中穿戴好牽繩和胸背帶，在房間中四處走動做練習吧！其實，就算不帶到外面去，僅是這樣做也能成為很好的運動。

## 必須遵守的規定

- ◆ 請避免和狗、貓、烏鴉、兒童等接觸。
- ◆ 要是野草被農藥、除草劑等灑到就危險了，因此請不要讓兔子吃無法確認安全性的野草。
- ◆ 請避免直射陽光過強的地方。
- ◆ 出生未滿半年的兔子、不喜歡讓人抱的兔子不可以帶出門。
- ◆ 冷熱嚴酷的時候不可以帶出門。
- ◆ 請裝入提籠中移動至目的地。
- ◆ 不要忘了攜帶飲水瓶、垃圾袋、吃慣的飼料或零食。
- ◆ 回家後請檢查身體是否有髒污，或是沾附跳蚤、蜱蟎等。

## 【品項介紹】

**胸背帶**

很多兔子都不喜歡項圈，所以推薦使用背心型的胸背帶。目前市面上有很多可愛的質料、設計，請找尋自己喜歡的吧！

**牽繩**

可以享受和胸背帶搭配的樂趣。繩子太長會走得太遠，比較危險；太短會不舒服，所以請以適當的長度持握牽繩。

## 【胸背帶和牽繩的穿戴法】

step 1 讓兔子乘坐在膝蓋上，穿上胸背帶

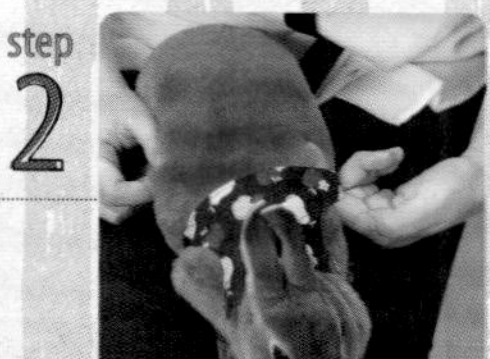

這裡選擇的是背心型。用金屬配件調整頸部和身體部分的尺寸後穿上。

step 2 固定皮帶扣，確保1根手指的鬆分

依照頸部→身體的順序固定皮帶扣。這個時候的鬆緊度以約可伸入1根手指為適宜。

step 3 安裝牽繩

避免胸背帶和牽繩的金屬配件脫落地牢牢扣上就完成了。

## 「遛兔」照片集

這裡收集了本書製作人員找到的達人們遛兔的快照。來找找下次出門的靈感吧！

A

B

C

D

E

F

G

A：就算不出門，也能在自家庭院遛兔。併用圍欄和胸背帶來預防逃脫吧！B：在可以預防日曬的櫻花樹下，一邊賞花一邊遛兔。C：配合兔子的步調，累了就讓牠休息。D：在草叢中請注意異物的誤食。E：以漂亮的花兒做為背景來拍紀念照也很有趣哦！F：草地不容易傷到兔子的腳，是散步絕佳的地點。但是有噴灑除草劑的地方可不行喔！G：在河川地的草叢中玩耍。可以用陽傘為牠遮陽。

就算感情再好，你也不會說話。

不過，若是一起玩耍，

心意就能相通喲！

只要飼主快樂，
兔子也一定開心。

明天也要一起玩哦！

# 在兔子的教養上不可欠缺零食的理由

兔子本來就是以各種植物為食的。寵物兔也是一樣，除了牧草和顆粒飼料之外，藉由零食來攝取大範圍的食材，不論是對健康還是腦部的活性化都有幫助。

平日的飲食是早晚2次，將所需量正確地計量好後給予；除此之外，隨機給予的零食也非常重要。

零食以果乾或乳酸菌等錠片比較容易處理，嗜口性也高。此外，也有可以補充維生素和纖維質等營養成分的優點。兔子可能會「還要還要」地撒嬌要求，不過，主食和零食合計的熱量還是不能超過一日的規定量。

甚至，如果平日就讓牠吃慣零食的話，在投藥的時候可以混在零食中來給予，也是一項優點。

關於給予零食的時機，在做為響片訓練的獎勵品上，例如在好好完成如廁（教養中）時、完成懷抱或修剪指甲之類兔子討厭的事情時，都可以給予。溫柔地加上一句「好棒哦～」之類的稱讚，兔子也會很高興的。此外，當兔子來到身邊時，也請給予零食。兔子會學習到「待在這個人的身邊就有好事發生」，對於縮短彼此間的距離也有幫助。

## 適合做為零食的素材

請避免蔥類和酪梨、馬鈴薯芽等會引起中毒的東西。此外，有些兔子會對食物過敏，所以還是選擇確認過安全性的食物吧！

**【水果】**

香蕉、鳳梨、蘋果、木瓜、葡萄乾、蔓越莓、奇異果等

**【蔬菜． 野草】**

紅蘿蔔、高麗菜、芹菜、南瓜、高麗菜芽、紫雲英、大麥嫩葉、木瓜葉、青花菜葉、桑葉、枇杷葉等

**【其他】**

乳酸菌錠片等營養輔助品

## 最受兔子喜愛的零食TOP3

（※「兔子的尾巴」調查）

No.1

### 天然木瓜

將青木瓜用日照曬乾而成。因為未經高溫處理，所以仍然保有酵素，對健康也很好。也可以預防毛球症。有天然的甜味，兔子非常喜愛。

No.2

### 大麥薄片

將大麥蒸熟後，用滾輪壓成扁平狀，再用乾燥機烘乾，去除細顆粒而成。由於纖維質多，咬勁十足，具有滿足感。

No.3

### 乾燥蘋果片

將蘋果直接乾燥而成的自然派零食。蘋果中所含的蘋果酸、檸檬酸有助於消化。另外，富含食物纖維果膠也是非常好的。

Chapter2

# 培育超級兔子的<br>兔子才藝特別課程

# 「兔子要用響片教養」是今後的新常識！

響片訓練，是教導兔子進行我們期待的行動，讓牠變成更容易一起生活的聰明兔子而採取的手段。

## 讓兔子學會我們期待的行動的原理

採取某行動時如果有好事發生，
就會反覆該行動。

行動 → 響片聲響起，獲得零食 → 再次行動

## 藉由應用心理學的理論進行減輕壓力的學習

如P28中所說的一般，要教導兔子一些事情時，響片訓練是有效的。響片訓練是應用心理學理論的方法。因為是不強迫、重視自發性地以響片（右照片）的聲音來教導「想讓牠做的事」和「令人高興的事」，所以能夠在減少壓力的狀況下讓兔子學習。

進行響片訓練時，基本上是不用言語稱讚的。因為響片訓練中兔子也要集中注意力，如果人發出聲音的話會妨礙牠「思考」。重點在於要讓兔子認為「報酬＝獎勵品」就是響片的聲音和零食（點心）。

還有，不擅長和人接觸的兔子並不少。因為本來就害怕人的話語和撫摸這些事，所以使用響片教導的時候，請不要開口出聲，以不會讓兔子感到不安的距離來進行訓練。

雖說如此，不怕人摸的兔子也喜歡用聲音溝通。所以，建議不妨在響片訓練以外的遊戲時間儘量多多稱讚牠，或是用溫柔的聲音對牠說話。

## 響片有各式各樣的類型。選擇哪一種比較好呢？

響片是以做為狗狗的訓練工具而開始流通的，現在不只是在寵物店，在網路上也買得到。響片的聲音和大小各有不同，形狀和顏色也很多樣。價格通常不貴，所以不妨多試幾種，選擇比較容易使用的。

首先，最受歡迎的是P60等使用的小響片，這是一壓按鈕就會發出聲音的簡單構造。也有P62等使用的，在棒狀末端附有一顆球的「標的棒」型。

### 各種響片

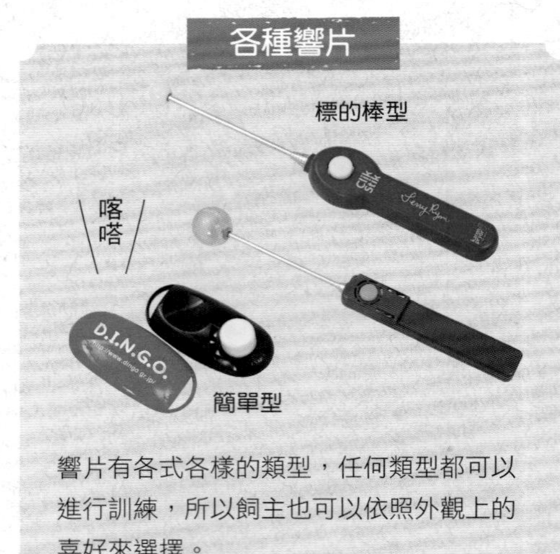


響片有各式各樣的類型，任何類型都可以進行訓練，所以飼主也可以依照外觀上的喜好來選擇。

## 獎勵品零食的準備

只要是兔子喜愛的，任何食物都可以，不過較小且可立刻吃下的東西在處理時較為方便，算是比較理想的類型。具體來說，切成小塊的果乾或是小顆粒的兔糧類就很適合。還有，為了避免熱量攝取過度，也可以從正常的飲食中先分出響片訓練用的分量，做為訓練時的零食使用。尤其是減肥中的兔子，請注意避免熱量過度攝取。

非常受兔子喜愛的蘋果片。

顆粒飼料或乳酸菌錠片也OK。

木瓜乾很適合喜歡甜食的兔子。

木瓜絲要再切細一點。

## 按下響片後給零食的方法

試試以下的3種方法，以讓兔子方便領取零食的方法來進行。

### A 以手餵食

適合對人手不會感到害怕的兔子。飼主可以活動手部，訓練也容易進行。

### B 放在地板上

適合害怕從手上獲得零食的兔子。

### C 將零食放在容器中

適合害怕手、會咬手、不會在地板上找食物的兔子。

# 來試試看響片訓練！

了解理論後就快來實踐吧！
重點在於尊重兔子的步調，
以及飼主也樂在其中的態度。

## Step1

### 讓兔子學會「響片的聲音＝零食」的關連性

教導兔子「發出響片聲就可以獲得零食」的作業稱為「charging」。請做為基本原則，確實地教導。

## Lesson

### step 1 發出響片聲

慣用手拿著響片，另一隻手拿零食。按下響片的按鈕發出聲音。

### step 2 響起聲音後直接餵食

發出響片聲後（一般認為約0.6秒後為理想）就給予零食。響片發出聲音時，人不可對兔子說話或是活動身體，好讓兔子進行「響片聲＝零食」的純粹連結。

### Point

也有些兔子會害怕響片的聲音。為了避免造成兔子討厭這個好用的工具，請先遠遠地讓牠看見或是響起聲音，一邊觀察兔子的情況來做練習吧！一開始時可以在遠處發出響片聲，或是用毛巾等包住來降低音量。

# 響片訓練 Q&A

## Q 訓練的次數和頻度大概是多少？

**A** 雖然有個體差異，不過1次練習可試著發出約5次的響片聲，給予零食。重複幾次後，只要一響起聲音，兔子就會出現找尋零食的模樣。如此一來，就可判斷為牠已經理解「響片聲＝零食」了。還有，因為要使用腦力，所以1次的練習要在兔子尚未感到厭膩時（大約數十分鐘）就結束。

## Q 如何讓兔子集中注意力？

**A** 剛開始時兔子可能會靜不下來。要讓兔子喜歡訓練，訣竅在於不勉強進行。以兔子大概還不會厭膩的次數，例如從數分鐘的程度開始也沒有關係。

## Q 不吃零食的時候該怎麼辦？

**A** 請在早餐前，或是兔子空腹的時段進行練習。對食物的需求可以帶來集中力。

## Q 兔子做了非期望的行動時，是否也要按下響片？

**A** 不要按下響片。於是，兔子就會出現「為什麼沒有作響？」的表情，轉而思考會讓響片發出聲音的行動（受期望的行動）。

## Q 在籠子中也能練習嗎？

**A** 有個方法是在籠外發出響片聲，然後從上面或旁邊將零食放入籠內的餐碗中。當然，在房間的地板上設置圍欄也是很好的方法。

## Q 就算不是幼兔也能進行嗎？

**A** 斷奶後就可以開始訓練了，不過成兔也可以進行。和年齡無關，只要對食物有需求，不管幾歲都能開始。響片訓練是使用頭腦獲得食物的形式之一。因為在大自然中，不管到了幾歲都需要想辦法才能獲得食物，所以同樣地，只要兔子本身會思考「要如何做才能得到食物？」就可以進行響片訓練。

# 讓兔子的行動接近你想要牠做的行動！

# Step2

## 讓偶然的行動接近「你想要牠做的行動」

讓兔子的行動漸漸接近「你想要牠做的行動」這個最終目標，就稱為「塑造法」。應用這個方法，可以教會牠各種事情。

## Lesson

### step 1 讓標的物出現在兔子的視野內

將「鼻子碰觸標的物」設定為目標。也可以使用一般的響片，不過若使用響片末端附有標的物的長棒型，比較容易在鼻子碰觸到的瞬間立刻發出響聲，更加好用。

### step 2 兔子若是看著標的物就按下響片

因為是以將鼻尖碰觸到標的物為目標，所以第一階段是，只要兔子看著標的物，就要發出響片聲，給牠零食。

### step 3 每當兔子接近標的物就按下響片

只要兔子接近標的物，立刻在此瞬間按下響片，給牠零食。

**step 4** 鼻子一碰觸到標的物就按下響片

只要鼻端一碰觸到標的物，就立刻按下響片，給牠零食。

**step 5** 重複進行「碰觸→響片聲」

因為已經學會飼主期望的「鼻子碰觸標的物」的行動，所以要給牠零食。為了讓牠記住，要多重覆幾次鼻子碰觸標的物和按下響片的動作。

## Point

**1 OK或NG的判斷，要用響片的聲音來表示**

當兔子做了非期望的行動時，響片就不發出聲音。兔子內心會疑惑「為什麼沒有響聲呢？」，於是轉而思考會讓響片發出聲音的行動（＝期望的行動）。

**2 儘量不要出手幫助，讓兔子自行思考**

請不要因為兔子不靠過來，就將標的物移近兔子。或是用手指示、出聲說「碰這裡」之類的。思考時間也是兔子的樂趣之一，所以指令應控制在最小限度。

**3 在遠離對象物的地方給予零食**

為了讓兔子有意識地「接近」對象物，所以零食請在遠離對象物的地方給予。

# 才藝訓練 實踐篇

理解響片的原理後，就可開始實踐了。最重要的是，兔子和飼主都要能愉快地持續進行！

雖說是拍打鈴鼓，但就兔子來說，
就只是將前腳放上去的輕鬆遊戲而已。
先讓兔子習慣將單腳放上去，
再來挑戰將兩隻腳都放上去！

## Lesson1 兔子鈴鼓

### Point

無論如何都不碰觸鈴鼓時，可以在牠看向鈴鼓的瞬間就按下響片，然後在鈴鼓上給予零食。

### item

**鈴鼓**

使用兒童用的玩具鈴鼓。有些兔子會對某些顏色感到害怕，所以要選擇兔子不討厭的顏色。

## step 1 拿出做為標的物的鈴鼓

這是讓兔子將腳放到鈴鼓上的訓練。先將鈴鼓放在兔子旁邊（或是兔子無法逃離的距離）。先鋪上墊子以免腳滑會比較安心。

## step 2 讓牠學習到「一靠近就會有好事發生」

剛開始時兔子可能會沒興趣，或是害怕警戒；不過每當牠看向或是接近鈴鼓時，就要發出響片聲＆給予零食。

## step 3 一碰到鈴鼓就按下響片

等兔子習慣看到或靠近鈴鼓後，接著就針對用鼻子碰觸的行動按下響片＆給予零食。

## step 4 針對放上腳的行動按下響片

就算腳只是偶然碰到鈴鼓，也要立刻按下響片＆給予零食。就像這樣，即便只是偶然的行動，響片聲也會讓兔子學習到「這個行動是有價值的」。

## step 5 毫不猶豫將腳放上後，讓牠停留在上面

剛開始時，將腳放在不習慣的地方，兔子可能會因為不舒服而立刻下來。在腳放上去的狀態下給牠零食，教導牠「待在這裡就有好事發生」。

## step 6 放上腳後可以保持不動！

在將腳放上鈴鼓的狀態下，如果能乖乖待著不動就算完成。用響片聲＆零食加以強化。在兔子的專注力用完前，就要說出「完成」以示意訓練結束。

# Lesson2

## 用指令來測量體重

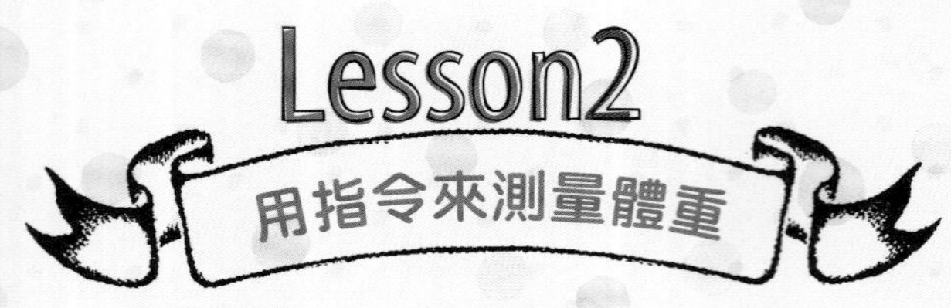

為了每天的健康管理，必須測量體重。
對兔子來說，坐到陌生的東西上是
很可怕的一件事，但只要經過訓練，
恐懼就能消失，變得能夠自動地坐上去。

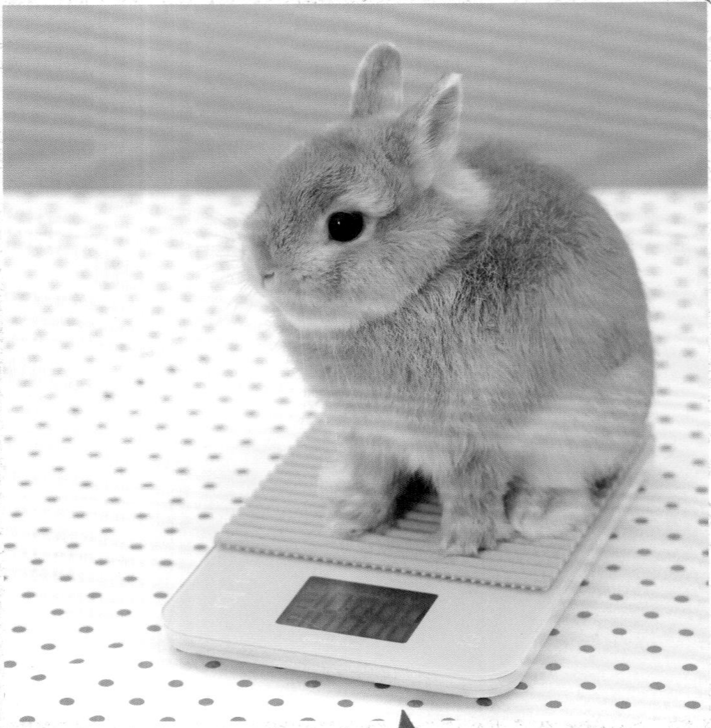

item

**磅秤**

使用厚度較薄的磅秤，讓兔子能夠輕鬆地爬上去。還有，上面事先鋪上墊子，腳就不會打滑，兔子比較不會排斥。

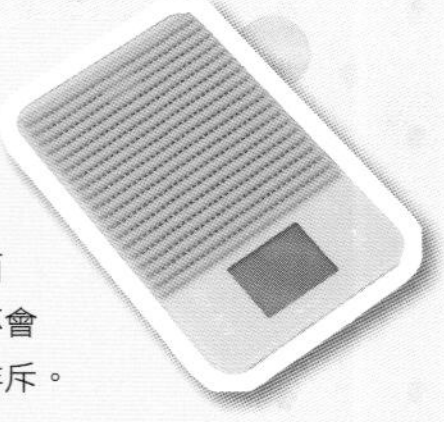

## step 1 將磅秤放在兔子不會害怕的地方

第一次看見時，兔子可能會討厭得不想看它。

## step 2 兔子一看向磅秤就按下響片

兔子只要顯示出有興趣的樣子或是看向磅秤，就要立刻按下響片，給予零食。如此可以讓兔子學會「只要靠近就有好事發生」。

## step 3 只要半身坐上去就按下響片

就算是偶然的也沒有關係，只要半身坐上去，或是將前腳放上去，就要按下響片＆給予零食。在牠坐上去的同時說「量體重」，讓牠學習到坐上去和「量體重」這個聲音指令的關連。

## step 4 不是期望的行動就不要按下響片

剛開始兔子可能無法待在磅秤上，或許會跳過去或是立刻下來。對於不是期望的行動就不要發出響片聲。

## step 5 反覆進行3次左右

如果兔子再次採取將前腳放上去等期望的動作，就按下響片＆給予零食。讓牠學習到「只要待在這個地方就會有好事發生」。

## step 6 能夠靜止不動就按下響片＆給予零食

如果能用step3所教的「量體重」指令讓牠乘坐在磅秤上不動，訓練就算完成了。只有做出這個行動才能從響片訓練中畢業，出聲稱讚牠後給予零食。下來時也一樣，要在適當的時機說「完成」後結束訓練。

# Lesson3
## 搬運花籃

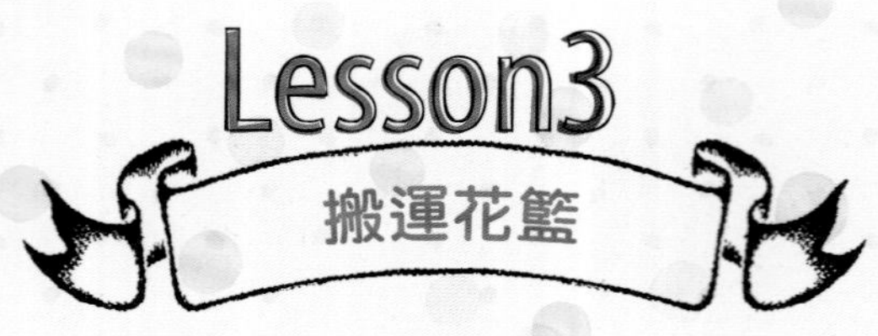

這是活用兔子想要啣叼木製品
習性的可愛才藝。
可以毫無壓力地開始練習。
但要注意不小心誤食的問題。

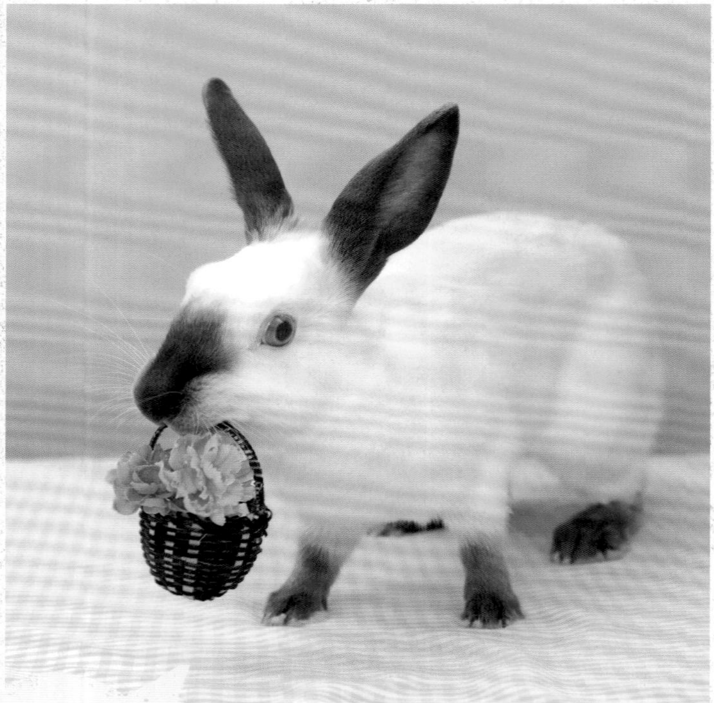

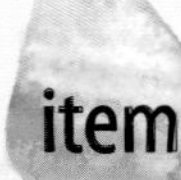

item
**花籃**

使用在高約7cm的籐製花籃中插入小朵人造花的小花籃。兩者皆可在百元商店等購得。也可以塞入面紙等讓花朵固定。

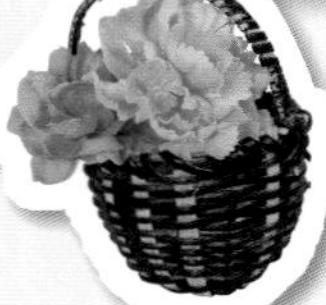

## step 1 將花籃放在兔子的視野中使其習慣

從將花籃放在兔子附近，讓牠習慣花籃的存在開始。

## step 2 兔子只要看向花籃就按下響片

只要兔子出現看向花籃、想用鼻子碰觸等顯示興趣的行動，就發出響片聲，給予零食。

## step 3 等待牠自主性地靠近花籃

「就在那裡呀！」地將兔子帶到對象物前，或是將對象物拿近兔子都是不行的。如果牠自動靠近就按下響片＆給予零食。

## step 4 就算是偶然的，只要碰觸到花籃就按下響片

當兔子嗅聞花籃的氣味時，只要鼻子有碰到，就要立刻按下響片＆給予零食。就算是偶然的行動也要按下響片，讓兔子學習到「這個行動是有價值的」。

## step 5 啣起花籃就算完成

若是兔子的興奮度提高，能夠用嘴啣住提起來的話，就用響片和零食來獎勵這個行動。

# Lesson4 進入提籠

「進入提籠＝被帶到醫院＝覺得討厭」
——很多兔子都對提籠抱有負面印象。
這是能讓兔子覺得「進入裡面也很好」的訓練！

## Point

一進入提籠，就從縫隙間給予零食。這是為了讓牠學習到「在裡面會有好事發生」。

## item

**提籠**

前面可以大大打開、高低落差較小的提籠比較容易進入。最好平常就放置在兔子看得見的地方，讓牠看習慣。

## step 1 將提籠放在兔子旁邊

對提籠抱持嫌惡印象的兔子，連看都不會看。換購新的提籠時，最初也會讓兔子感到害怕，不妨用這個方法讓牠習慣。

## step 2 一靠近提籠就按下響片

用響片聲＆零食強化兔子主動進入提籠的行動。對於靠近嗅聞氣味等意識到提籠的行為也要發出響片聲。

## step 3 不是期望的行動就不要按下響片

剛開始時，就算好不容易進入了，也可能無法待在籠內而馬上跳出來。像這種非期望的行動就不要發出響片聲。

## step 4 再次從頭開始挑戰，只要靠近就按下響片

就算只有半身進入，也要按下響片＆給予零食。以兔子不會厭膩的程度，中間穿插休息時間，多多挑戰幾次吧！

## step 5 如果全身進入，就當場給予獎勵品

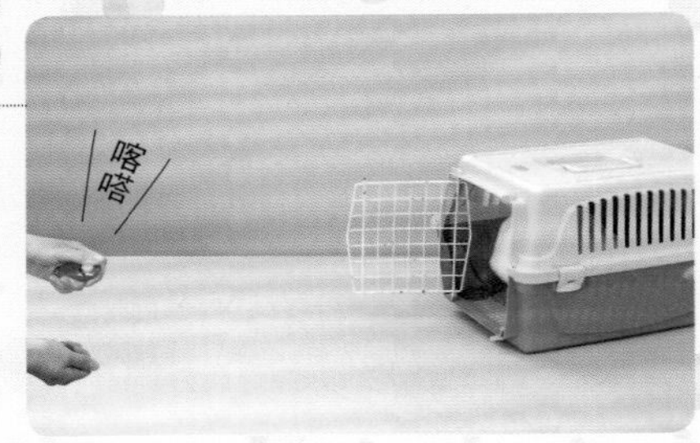


如果兔子全身進入提籠中，就要當場按下響片＆給予零食，讓牠認為那裡是個快樂的地方。讓牠學習到目標就是要持續待在裡面。

## step 6 教導指令後結束

如果能夠經常進入，就可以從響片訓練中畢業了。從提籠的縫隙間給予兔子零食。在這個階段一邊說「HOUSE」，兔子就會記住這個指令。

因為是兔子玩的足球，所以稱為「兔子足球」。
是適合平日就會滾著球玩的
好奇心旺盛、活潑的兔子學習的才藝。
連在旁看著的我們也不禁變得狂熱起來！

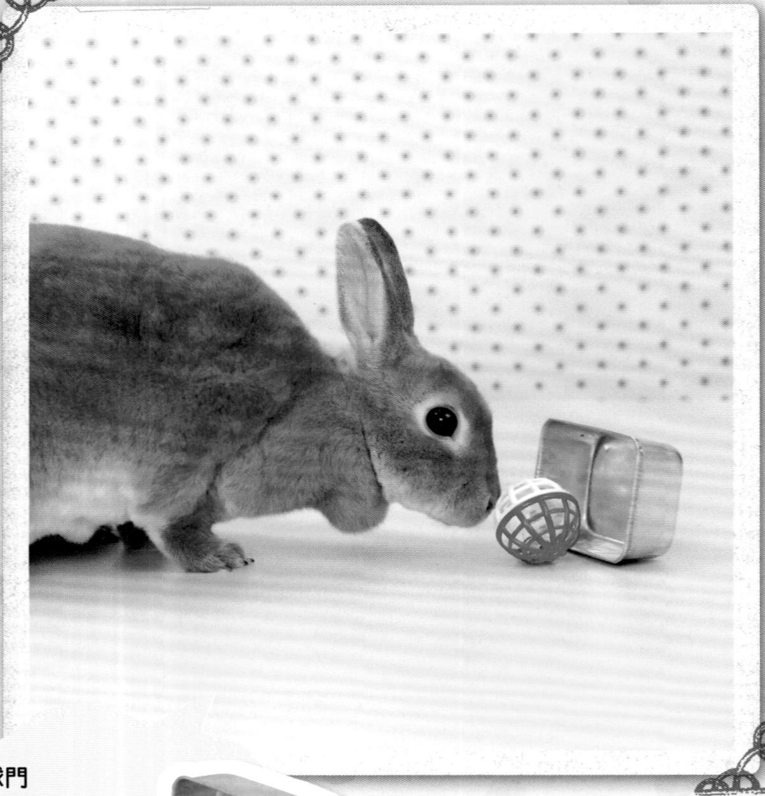

item

**球和球門**

球是貓狗用的玩具，球門是小置物盒。先從滾動稻草球等簡單改編過的遊戲開始練習吧！

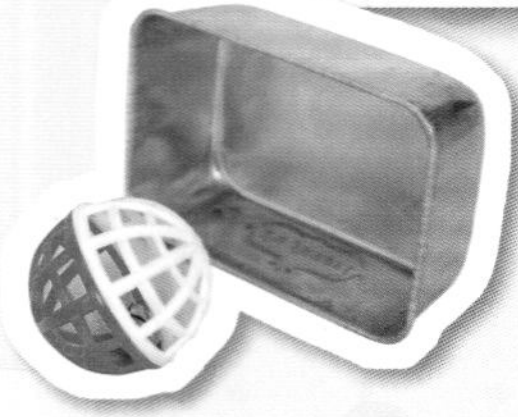

step 1 將球放在兔子的視野中讓牠習慣

先將球放在兔子附近，從讓兔子習慣球的存在開始。

step 2 只要兔子看向球就按下響片

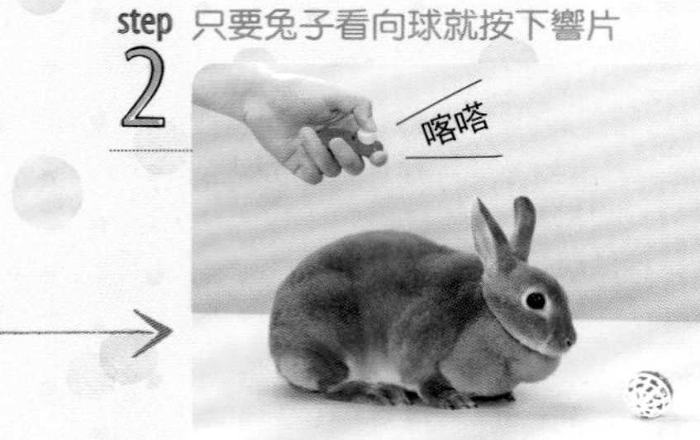


看著球、用鼻子碰觸等，只要兔子出現表示興趣的行動，就發出響片聲，給予零食。

step 3 等待兔子主動靠近

「就在那裡呀！」地將兔子帶到目標物前，或是將目標物拿近兔子都是不行的。如果兔子主動靠近就發出響片聲＆給予零食。

step 4 就算是偶然的，只要用鼻子滾球就按下響片

在兔子嗅聞球的氣味時，如果鼻子碰到而讓球滾動了，就要按下響片＆給予零食。即使是偶然的，也要立即發出響片聲，讓牠學習到「這個行動是有價值的」，強化滾球的行動。

step 5 拿出球門，幫忙射門

剛開始是由飼主將球門設置在球滾動的前方。不管多麼聰明的兔子，要瞄準球門來滾球都是很困難的，幫牠個忙吧！

step 6 球進了球門就按下響片＆給予零食

球如果進了球門，就要按下響片＆給予零食。飼主一起同樂，兔子也會覺得「很快樂」而想要更加努力，強化行動。

世界性的比賽「兔子跨欄」
在日本也逐漸蔚為風潮了。
要不要將目標放在大賽來做練習呢？
這是體能高的兔子專屬的才藝。

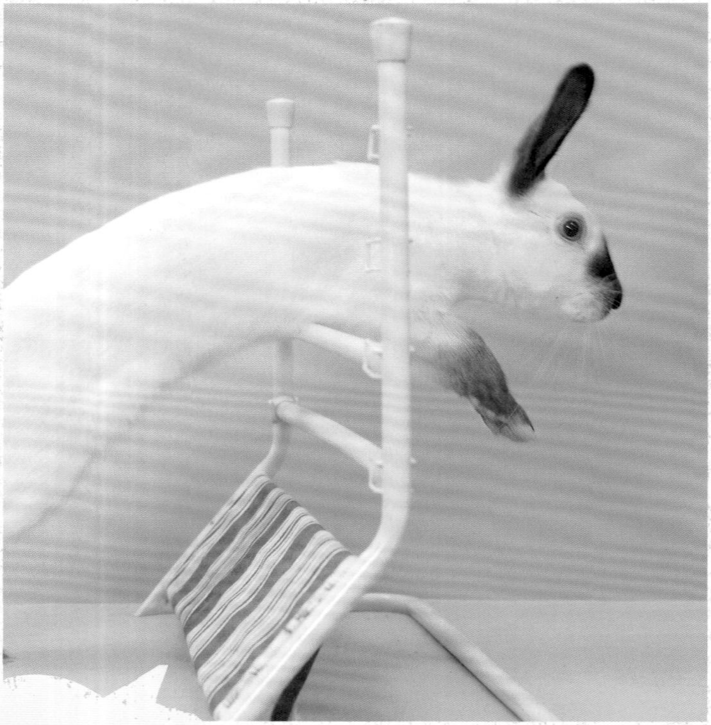

item

### 兔子跨欄設備

在此使用的是「『兔子的尾巴』的跨欄設備組」，但也可以用百元商店販賣的支撐棒來代替。這個時候兩端不要頂住固定，而是要放在某個東西之上。為了防止意外發生，請設置成一勾到棒子就會掉落的構造。

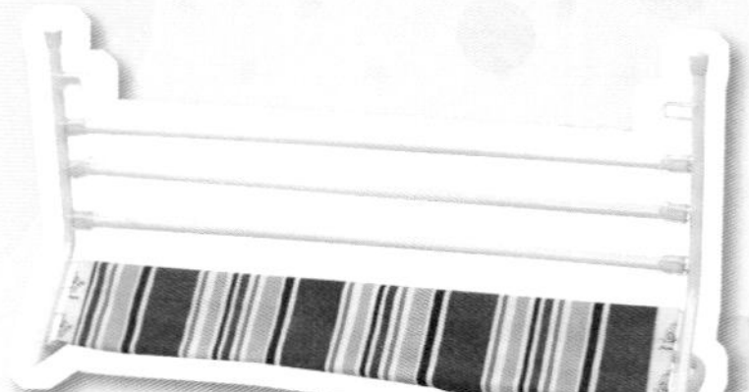

## step 1 將棒子放在兔子面前

將障礙棒放在兔子面前，拿好標的棒響片。
※在訓練開始前要先讓兔子學會用鼻子碰觸標的棒響片的末端（參考P62）。

## step 2 只要碰到障礙棒就按下響片＆給予零食

就算兔子只是瞥一下障礙棒，也要發出響片聲，給予零食。之後就是針對用鼻子碰觸的行動按下響片＆給予零食。

## step 3 用標的棒誘導牠跳過障礙棒

剛開始時兔子會覺得障礙棒怪怪的而提心吊膽，但若能夠跳過去，就用響片＆零食稱讚牠。一再重複這個步驟來強化行動。

## step 4 改變高度，再度挑戰

使用兔子跨欄的台子進行練習（台子上再設置step3跳過的障礙棒就是完成形）。用標的棒誘導，若能跳過即按下響片＆給予零食。

## step 5 用事先準備的零食充分稱讚牠

用食物的魅力引出兔子的幹勁。飼主不要焦急，依照兔子的步調持續訓練吧！

## step 6 設置障礙棒，進行跳過去的練習

因為在step1～3的練習中已經學會跳過去了，所以聰明的兔子應該很快就能做到。剛開始時，就算障礙棒掉下來也要按下響片＆給予零食。慢慢地做到障礙棒不會掉落、能夠乾淨俐落跳過的完成形態。

# Lesson7

## 穿越隧道

原本是讓兔子自由穿越隧道的遊戲，

現在要讓牠聽從指令鑽過去。

請充滿耐性地進行訓練。

**隧道**

可以改變角度的隧道，對兔子來說不只能夠鑽過去，能夠躲藏在裡面也是一種樂趣。提供：「兔子的尾巴」

將隧道放在兔子旁邊

先將隧道放置在兔子的旁邊（或是在牠無法逃離的距離）。

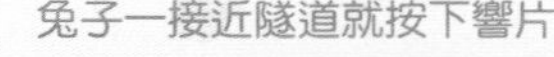


step 2

對靠近過去嗅聞氣味等意識到隧道的行為按下響片＆給予零食。主動進入的行動也用響片＆零食強化。

如果兔子想進入隧道就按下響片

繼續進行訓練時，如果兔子有查看隧道內部等期望的行動，就要立刻按下響片＆給與零食。

如果能夠出來就按下響片＆給予零食

step 4

如果能夠從正確的出口出來，就按下響片＆給予零食。等到能夠經常完成後，在進入前一邊說出「隧道」這個指令地讓牠進入，就可以讓牠記住指令了。

# Lesson8

## 親吻布偶

這是只用鼻子碰到布偶的簡單「瞬間才藝」，不過兔子做來真的是可愛滿點！加以應用或許也能完成「親吻臉頰」喔！

**布偶**

使用市售的玩具，只要是啃咬也安全的材質，任何布偶都可以。

### step 1 將布偶放在兔子的視野中讓牠習慣

從將布偶放在兔子附近，讓牠習慣布偶的存在開始。

### step 2 只要兔子看向布偶就按下響片

只要兔子出現看著布偶、想用鼻子碰觸等顯示興趣的行動，就發出響片聲，給予零食。

### step 3 等待牠主動走近布偶

就算兔子遲遲不願碰觸布偶，也不可以「看！就在這裡啊！」地將布偶拿近兔子。請讓兔子自行思考。

### step 4 就算是偶然用鼻子碰到布偶也要按下響片

在嗅聞氣味時，如果鼻子碰了布偶，就要按下響片＆給予零食。就算是偶然的結果，也要適時地發出響片聲，讓牠學習到「這個行動是有價值的」以強化行動。

# Lesson9

## 兔子抽籤

這是強化兔子啣叼木棒等的天性，

讓牠選出1支籤的才藝。

不管有沒有「中獎」都很HAPPY！

**籤**

將木簾的木棒抽出1支，切成約6cm長，大約做出4支。在其中1支的末端捲上紅色膠帶做為「中獎籤」。將籤立在適當大小的小瓶子中即完成。

### step 1 先做啣住籤的練習

將1支籤拿到兔子面前，如果兔子做出湊上嘴巴的行動，就發出響片聲，給牠零食。

### step 2 如果能夠啣住籤，就按下響片

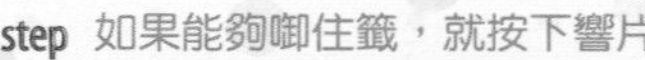

練習湊上嘴巴的動作，如果偶然地能夠啣住，就按下響片＆給予零食稱讚牠。

### step 3 練習從籤筒中啣住籤

將step 1～2已經能夠啣住的籤放進籤筒中。如果能夠啣住裝在裡面的籤，就按下響片＆給予零食。

### step 4 練習從數支籤中啣起1支籤

能夠從籤筒中啣起籤後，將籤的數量增加到4支左右後進行練習，強化該行動。

# Lesson10 打開寶箱

剛開始時也可以先放入零食，但最好還是不用零食引誘牠，而是打開後就稱讚牠，教導牠「打開後就有好事發生」。

**item**

**寶箱**

使用百元商店的木箱。為了讓兔子容易打開，不妨在盒身和蓋子之間夾著厚紙，製造縫隙。

### step 1 將箱子放在兔子的視野中讓牠習慣

從將箱子放在兔子附近，讓牠習慣箱子的存在開始。（※箱子要先弄出一點點縫隙）

### step 2 如果兔子靠近或是看著箱子就按下響片

如果兔子出現看著箱子或是用鼻子碰觸等顯示興趣的行動，就發出響片聲，給予零食。

### step 3 碰觸箱子後，讓牠自由活動直到牠打開箱子

雖然無法輕易就打開，不過還是安靜地守護牠吧！讓兔子用自己的頭腦思考後再行動是很重要的。

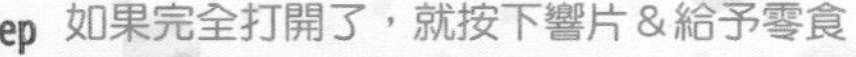

### step 4 如果完全打開了，就按下響片＆給予零食

一邊穿插休息時間，多嘗試幾次，如果兔子將鼻子鑽入箱子的縫隙中，成功打開的話，就用響片＆零食稱讚牠。

# 兔子的不同品種才藝訓練適性判斷

在此集合了兔子的人氣品種，要告訴你根據各自性格的訓練重點。

## 兔子界的優等生

原產國　美國
平均體重　1.3～2.0kg
特　徵　天鵝絨狀的體毛。雌兔性成熟後，頸部的皮膚會鬆弛。
性　格　食慾旺盛，個性活潑。

### 迷你雷克斯

雖然要花點時間讓牠習慣，但因為個性友善，所以對響片訓練是充滿興趣的。只要肯花時間，應該任何才藝都能學會吧！一有興趣，眼睛就會閃閃發亮，因此請看準牠充滿幹勁的時候進行訓練吧！

## 胖嘟嘟的卻意外的靈活

原產國　荷蘭
平均體重　平均體重 1.3～1.8kg
特　徵　耳朵下垂，但一警戒就會豎立起來。體型健壯。
性　格　安靜穩重

### 荷蘭垂耳兔

放輕鬆的時候是怡然自得的表情，動作也不慌不忙。不過，一旦學習響片，表情就會變得嚴肅，眼神和動作也會變得靈敏。還有，因為不怕人，所以很適合喚回之類的親膚系才藝。

## 飛毛腿的運動菁英

原產國　不明（一說是喜馬拉雅山脈）
平均體重　1.1～2.0kg
特　徵　整體的體毛為白色，只有腳的末端和鼻子、耳朵是黑色。身體細長。
性　格　個性活潑，食量大。

### 喜馬拉雅兔

充滿活動力，食欲旺盛。越是對食物執著的兔子，響片訓練就會越快上手。只是，有些兔子的視力不好，近處的東西看不見，所以請在兔子應該看得見的範圍內進行訓練。

※體重為兔展的規定體重。

## 我行我素的樣子超可愛

原產國　荷蘭
平均體重　0.9～1.1kg
特　徵　是寵物兔中體型最小的。有豎立的小耳朵。
性　格　好奇心旺盛

### 荷蘭侏儒兔

像布偶一樣可愛，只要乘坐在什麼東西上面，就能變成可愛的「瞬間才藝」。有些兔子就像本書卷頭的MOQ和Moco般，具有創作力，可以自己發明快樂的遊戲自得其樂。不過也有膽小的兔子，所以要視性格來考慮才藝哦！

# Chapter3

# 我家兔子的心情完全解析課程

# 多和兔子接觸，進行解讀心情的練習

兔子不像貓狗一樣會叫，而且總給人面無表情的印象……

其實不是這樣的。的確，牠們的表情是難以分辨，但除此之外，兔子的感情是非常豐富的。如果能夠看懂表情的變化，飼主對兔子的愛應該也會更加深刻。初次飼養兔子的人，不妨將兔子從籠子移到圍欄中，兼做為肌膚接觸和健康檢查地仔細觀察看看。可以的話，每天都這麼做是最理想的。如此一來，就能夠從耳朵的角度和眼神的光采等小變化來解讀牠的心情了。

此外，兔子外表看來似乎很溫順，但卻出乎意料地善於表達自我。例如，希望人撫摸牠的時候，就會跑過來用頭頂著人的手下面。

仔細觀察兔子，增加跟牠一起玩的機會，自然會知道兔子在想些什麼。這樣的話，本書介紹的遊戲和才藝課程的效率應該也會有飛躍式的提升吧！

# 請注意兔子的這些地方！

## 1 觀察臉部的表情

容易表現感情的地方是眼睛、鼻子、嘴巴。高興的時候，眼睛會發亮；興奮度一提高，鼻孔就會完全張開；還有，生氣的時候，會露出牙齒做出威嚇般的行為。

## 2 觀察耳朵的角度

充滿特色的長耳朵具有天線般的功能。如果有害怕的東西或是有興趣的東西，耳朵就會朝向該方向，專注在目標上；反之，放輕鬆的時候，耳朵是垂倒的。

## 3 聽聽兔子發出的聲音

生氣的時候，喉嚨會發出「BU—」、「GU—」的聲音。還有，也可能會突然用後腳拍打地板，發出「砰！」的聲音。因為兔子不會叫，所以會改用「聲音」來傳達訊息。

## 4 觀察身體的緊張度

害怕的時候，身體會緊張，讓全身變得僵硬；放輕鬆或是睡覺的時候，身體的力量會放掉，給人安穩柔和的印象。不要忽略了整體・細部的變化哦！

## 5 用重心的推移來察知感情

仔細觀察身體的重心如何移動。如果對眼前的東西感到害怕，身體就會後退，讓重心移到後面；如果對看到的東西有興趣時，身體則會向前傾。

## 6 瞭解行動・舉止的含意

一直啃咬籠子等的問題行為是有原因的。去察知「是想要再多玩一下嗎？」之類的箇中原因，幫牠解決問題。藉由遊戲或響片訓練讓牠轉移意識也有效。

# 喜 興奮度MAX

狗的話會搖尾巴，貓的話會用喉嚨發出咕嚕咕嚕的聲音，而兔子則會用跳躍來表示高興。雖然有個體差異，不過將兔子放出籠後，似乎大多數的兔子都會露出愉快的表情蹦蹦跳跳。雖然統稱為跳躍，但其實有各式各樣的變化。可能是原本正在悠閒地散步，卻突然當場垂直跳躍起來，或是在房間裡跑動的時候會時不時地加入扭身跳躍。

兔子的心情

心情快樂且興奮。是跟牠一起玩的絕佳機會！

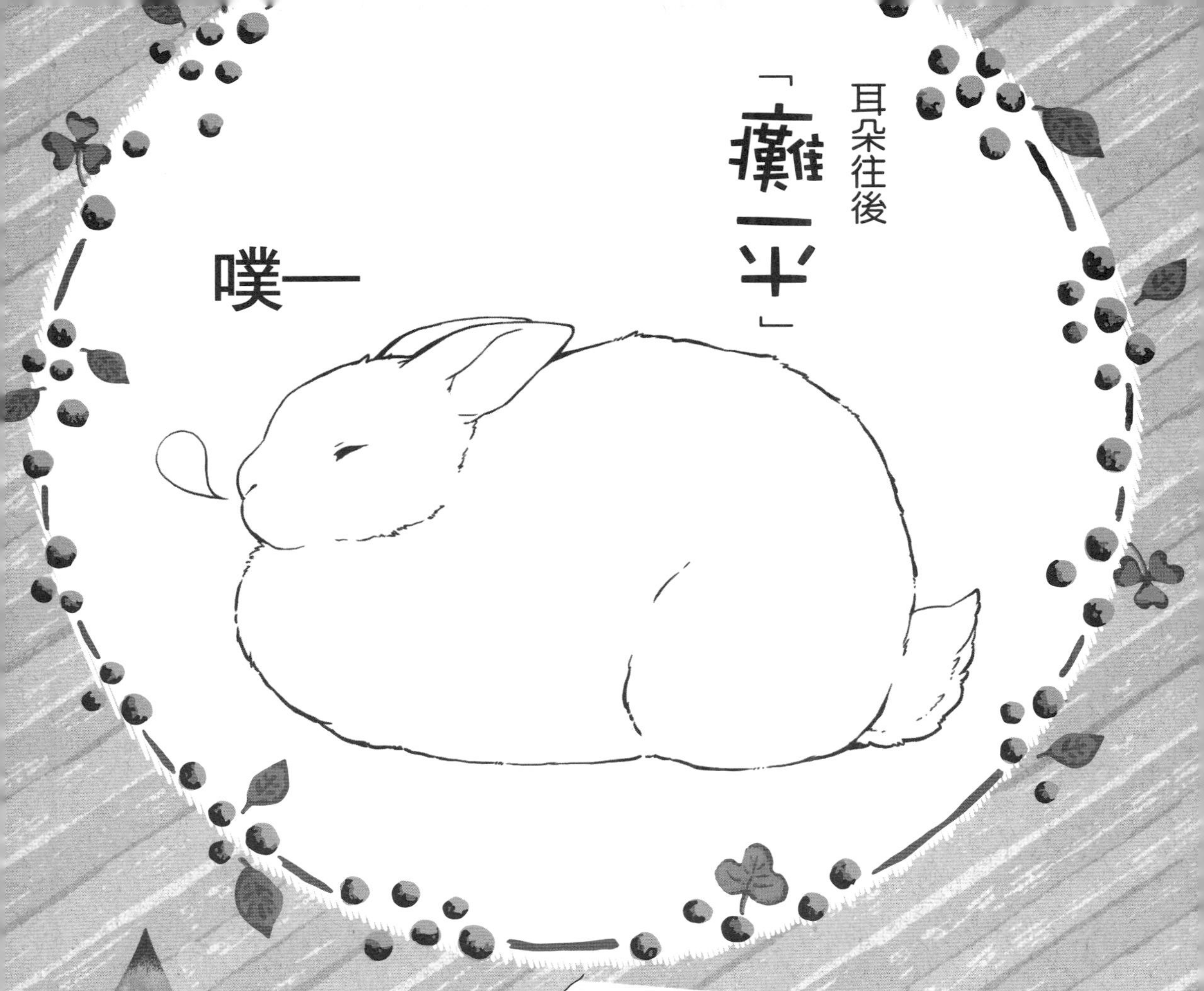

耳朵往後

「攤平」

噗——

# 喜 舒服

兔子的耳朵是蒐集聲音的天線。有讓牠害怕的東西時，耳朵就會豎起來搜尋聲音的出處；相反地，耳朵倒下就是感覺安心的時候（如果把身體縮起來則是警戒）。

當兔子趴下般地坐著時，輕輕地撫摸牠耳朵根部到臀部一帶，於是兔子就會將耳朵垂下貼附在身體上，甚至有些還會閉上眼睛。看到擺出如此放鬆姿勢的兔子，就連飼主本身也覺得好幸福。

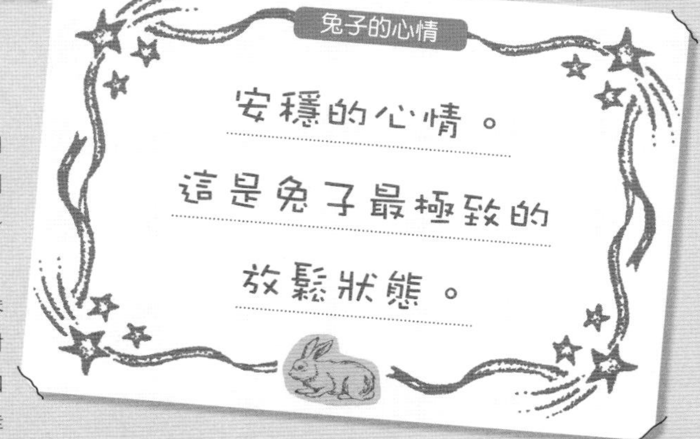

## 喜 心跳不已

兔子是用鼻子呼吸的。甚至可以說是「用鼻子送秋波」地總是抽動著鼻子。當兔子和自己的視線相對時，如果抽動加快，就是正期待著什麼的信號。是想吃飯了？還是想出去外面？請飼主從狀況來做判斷吧！

另外，高興、生氣等心情高亢的時候，抽動也會變快。放輕鬆的時候則是緩慢地抽動。或許就跟心臟跳動的情況差不多吧！

兔子的心情

快的時候是興奮，

慢的時候是放鬆。

可充分看出心情哦！

## 尾巴「搖來搖去」

### 喜 快樂

快樂的時候會搖尾巴。獲得愛吃的食物時，似乎大多數的兔子都會因為歡喜而像顫抖般地小幅度抖動尾巴。

**兔子的心情**

正感覺到幸福。
對食物也非常滿意。

## 尾巴「筆直豎立」

### 喜 興奮！

似乎也帶有讓敵人將注意力朝向尾巴內側的白色部分以守護群體的意味。寵物兔在警戒或充滿好奇心的時候會將尾巴豎立起來。也可能是發情的信號。

**兔子的心情**

警戒、有興趣、發情等。
請從狀況來做判斷。

## 怒 不滿・生氣

兔子不會發出像貓狗般的叫聲。為什麼呢？因為牠在自然界中是掠食動物的目標，一發出聲音馬上會被敵人發現。然而，受到安全保護的寵物兔，卻會發出類似「BUBU」或「GUGU」般的鼻聲。通常是在牠心情不好或生氣的時候。

附帶說明的是，快樂的時候則會發出較輕的「PUPU」聲。應該可以從表情分辨出來。

兔子的心情

正在生氣。

請找出讓牠看不順眼的東西吧！

## 怒 紓解壓力

有些兔子會把食物容器或便盆翻倒過來。這時請仔細想想原因出在哪裡，是因為牠將翻東西當作是一種「遊戲」？還是為了要紓解壓力？

在對策上，可以將食物容器和便盆改成無法移動的固定式。如果這樣做仍然沒有改善，就有可能是壓力造成的。如果似乎是「跟我玩！」的訴求，就請給牠許多遊戲的機會。另外，給牠玩具也是個方法。

兔子的心情

以為是在玩
翻倒遊戲嗎？
其實是在紓解壓力。

## 怒 生氣

兔子生氣的時候，也可能會像人一樣皺起眉頭。通常高興的時候，會將眼睛整個張開，顯得雙眼有神；但在皺眉模式時，會覺得牠的眼睛是往上吊的。還有，可能也會露出唯一的「武器」——牙齒來做威嚇。

這個時候，請弄清楚是什麼原因讓牠心情不好，使牠安心吧！如果在抱牠的時候露出了這種表情，還是暫時別抱了吧！

兔子的心情

正在生氣。

討厭的事情若是持續下去，可能會逃走喲！

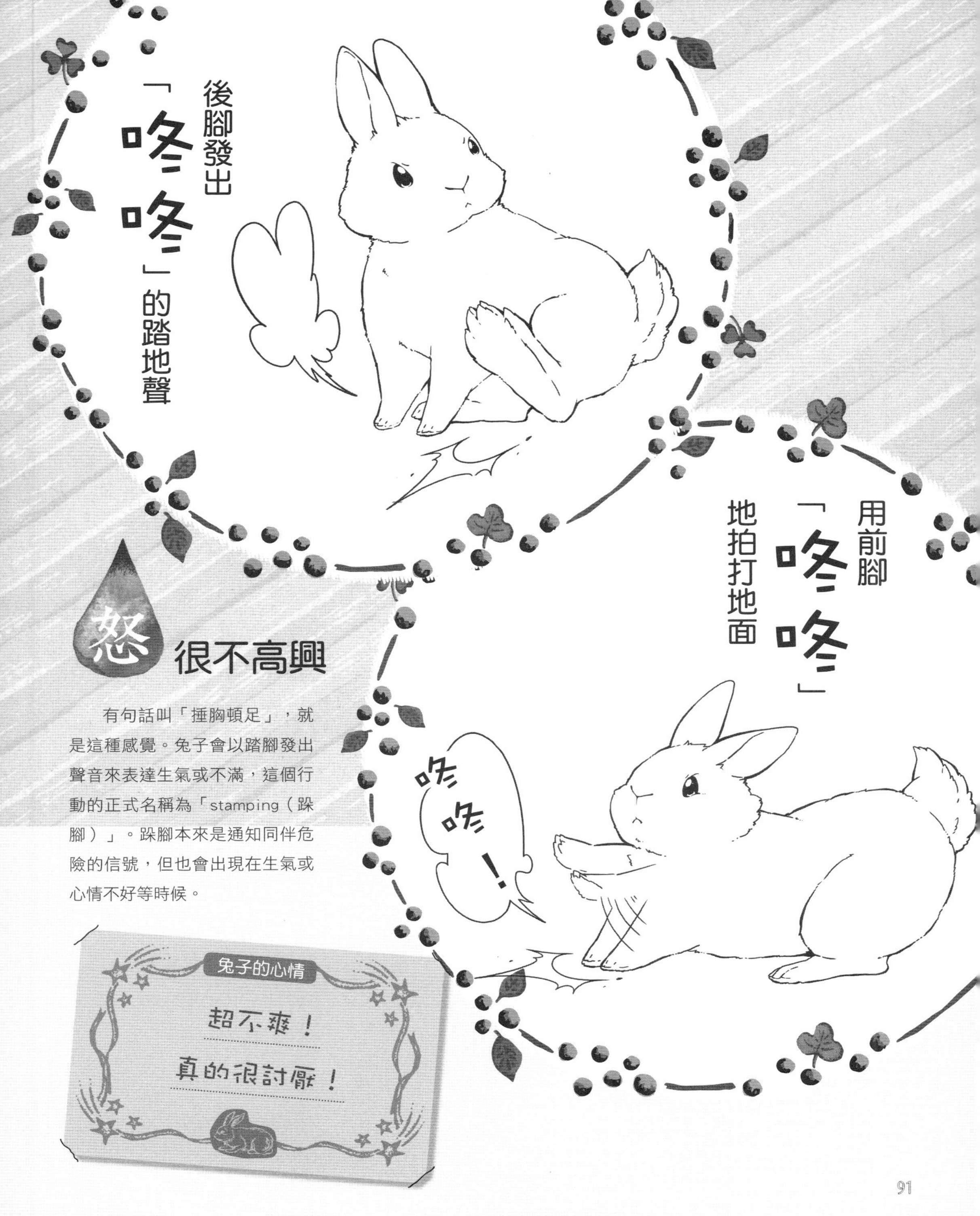


## 怒 很不高興

有句話叫「搥胸頓足」，就是這種感覺。兔子會以踏腳發出聲音來表達生氣或不滿，這個行動的正式名稱為「stamping（跺腳）」。跺腳本來是通知同伴危險的信號，但也會出現在生氣或心情不好等時候。

## 哀 警戒！

這是兔子感覺到身體有危險和痛苦時發出的聲音。牠是否有聽到什麼聲音而感到恐慌？還有，抗拒被人抱時，或是身體自由好像被剝奪而覺得厭惡時等等，也會發出這種聲音。

順便說明的是，不只是心理層面的痛苦，原因也可能是來自於身體上的痛苦（身體的某部位會痛之類）。不管是哪一種，查明兔子覺得痛苦的原因，幫牠解決才是最重要的。

兔子的心情

內心充滿不滿。
想一想牠是對什麼
感到不滿意吧！

## 哀 壓力

連叫喚名字，或是拿出牠喜愛的東西都沒有反應，就像石頭一般完全僵住。這是緊張、不快等的信號。請試著回想一下在此前後的兔子的行動和環境。如果有想到什麼造成壓力的原因，請加以改善。此外，也有些兔子是性格上比較神經質、容易緊張，所以請注意要溫柔地對待牠。如果是在痙攣等病態後出現僵硬的情況，請帶往動物醫院。

兔子的心情

因為感受到
壓力而造成
身體無法動彈！

## 哀 恐懼

兔子對初次看見的東西會感到恐懼。例如走到初次前往的場所時，腰部就會往下沈，變成半蹲姿勢。也經常見於對新玩具警戒不想靠近的時候等等。

這時，請配合兔子的步調，尊重牠的感覺。最好不要強迫牠接受討厭的東西，或是帶牠去害怕的場所等等。如果出現精疲力盡癱坐的情況，請帶往動物醫院。

兔子的心情

因為恐懼而認輸！
請不要強迫牠接受
害怕的東西。

## 樂 來玩吧！

兔子有時會在人的腳邊繞來繞去，這在發情期時經常會出現。如果持續這樣做，興奮度會越來越高。不妨另外給予能讓牠著迷的玩具，若是不在減肥中，也可以給牠喜愛的食物，讓牠先冷靜下來。

此外，也可能不是發情，而是「來玩吧！」的訊號。如果是喜歡親膚關係的兔子，溫柔地對牠說話或是撫摸牠，應該都能讓牠高興。

兔子的心情

想要引起
飼主的注意。
或者是發情衝動。

## 樂 來玩吧！

兔子在洗臉前，兩隻前腳會抖個幾下；或者，有些兔子會踩踏地板發出聲音。這是因為洗臉前要先甩掉前腳的髒污和塵垢……的意思嗎？其實，現在還不知道真正的原因為何。

只不過，兔子洗臉或是理毛就是放鬆的證明。或許是因為確保身體的安全後，才會想著「這下安心了，來理個毛吧！」之類的吧！

兔子的心情

抖抖腳之後，
接著就是洗臉了。
正處於安心狀態。

## 樂 安心

這是不限於待在籠內還是籠外，偶爾都會出現的動作。由於沒有任何前兆，兔子會發出巨大的聲響倒下，所以初次看到的飼主都會擔心牠是不是生病了，不過兔子的表情卻似乎是安詳愉快的。看牠舒適地伸展手腳，做出無法立刻逃走的姿勢，所以是完全安心的狀態。

這個時候就是跟牠玩或是訓練的絕佳機會。用牠喜歡的食物做為驚奇禮物，兔子一定會很高興的。

兔子的心情

對室溫、環境
全都很滿意。
要不要玩一下？

# 樂 快樂

心情好的時候，兔子會反覆做出在空中以180度跳躍改變身體方向的「半旋轉跳」。別名「扭轉跳」。可能會當場突然表演半旋轉跳，也可能會快衝到一半突然以半旋轉跳轉換方向後逆向快跑。

只要「好棒哦！」稱讚牠，兔子就會認為「你喜歡剛剛那個 !? 那我再做一次！」於是就能強化行動，變得越來越有樂趣了。

兔子的心情

「看一下！
這個跳躍
很帥氣吧！」

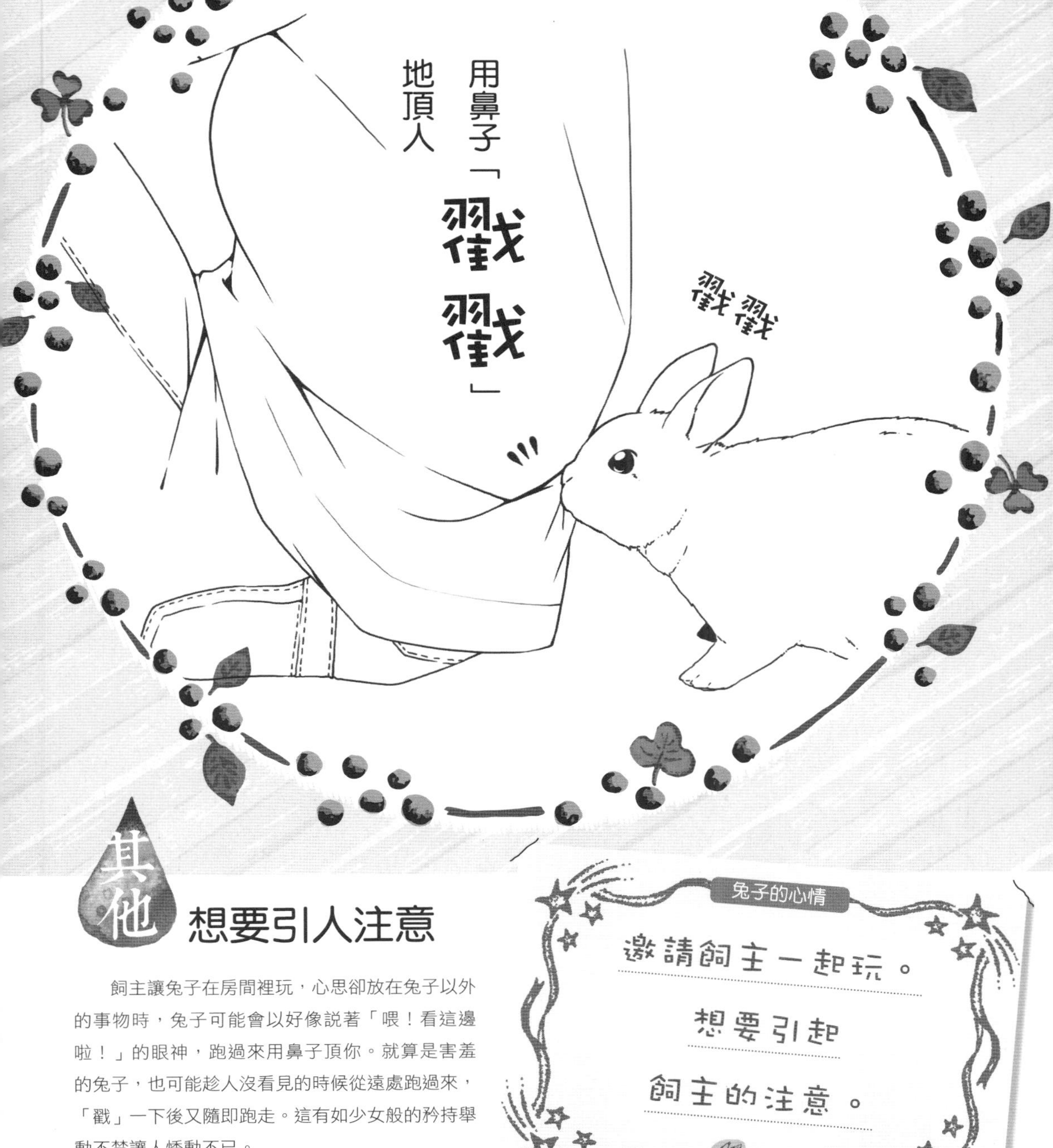


## 其他 想要引人注意

飼主讓兔子在房間裡玩，心思卻放在兔子以外的事物時，兔子可能會以好像說著「喂！看這邊啦！」的眼神，跑過來用鼻子頂你。就算是害羞的兔子，也可能趁人沒看見的時候從遠處跑過來，「戳」一下後又隨即跑走。這有如少女般的矜持舉動不禁讓人悸動不已。

這個時候請多陪牠玩玩，以加深彼此的關係。

兔子的心情

邀請飼主一起玩。想要引起飼主的注意。

## 其他 思考中

看起來好像正在想事情，那是因為兔子正在用眼睛和耳朵、鼻子探查周圍的狀況，搜尋著有沒有發生什麼快樂的事，或是出現有趣的東西等等。

進行響片訓練時，也可能會露出這種表情。依照情況，可能是正在想著「接著要怎麼做才好呢？」或是正在找尋某些東西。這時，似乎就是使用新玩具或是教牠新才藝的最佳時機。

兔子的心情

正在思考各種事情。是邀牠玩遊戲的好機會！

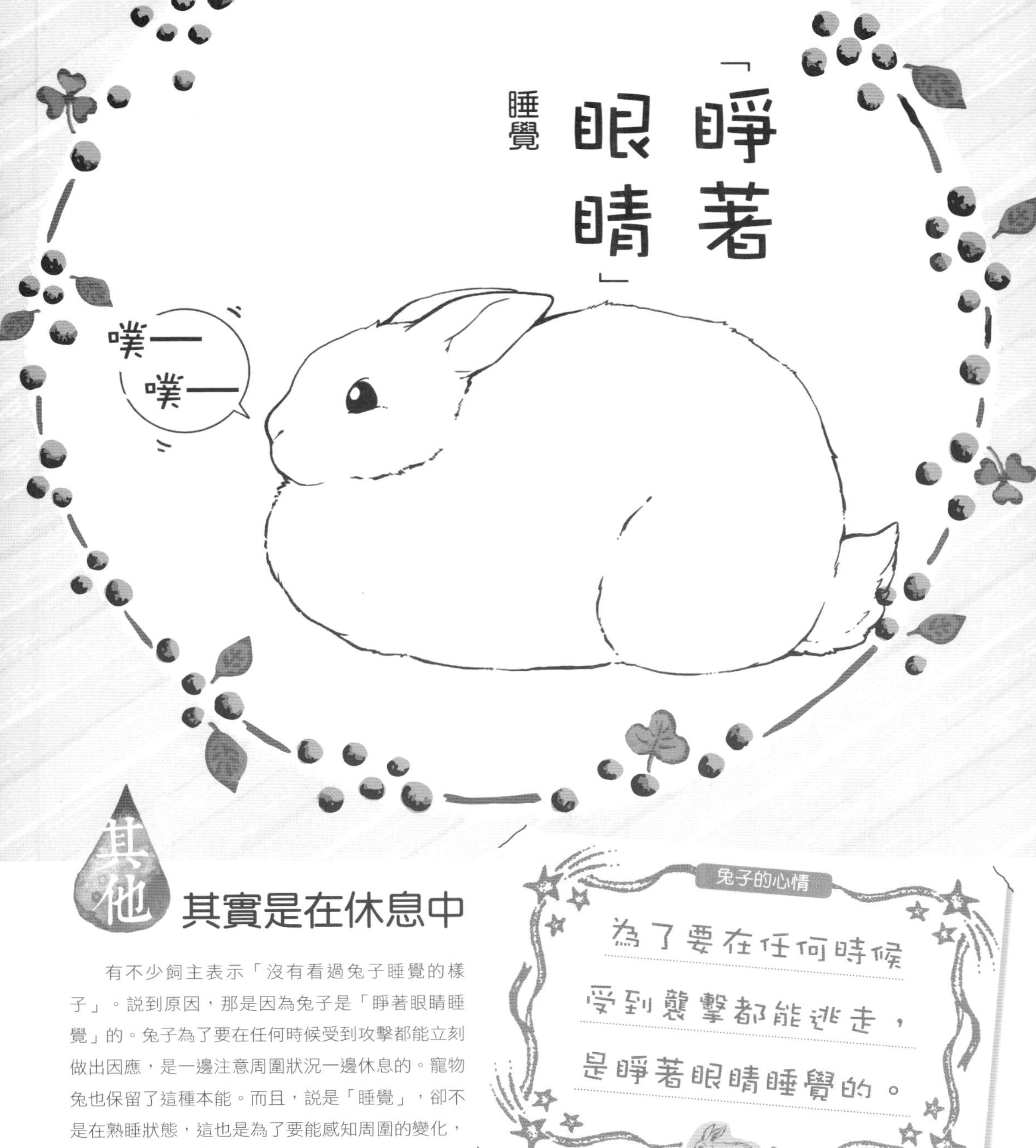


## 其他 其實是在休息中

有不少飼主表示「沒有看過兔子睡覺的樣子」。說到原因，那是因為兔子是「睜著眼睛睡覺」的。兔子為了要在任何時候受到攻擊都能立刻做出因應，是一邊注意周圍狀況一邊休息的。寵物兔也保留了這種本能。而且，說是「睡覺」，卻不是在熟睡狀態，這也是為了要能感知周圍的變化，立刻起而行動的關係。

兔子的心情

為了要在任何時候受到襲擊都能逃走，是睜著眼睛睡覺的。

## 其他 只有這個就是停不下來

有些兔子會出現挖掘籠子的地板、地毯等行動。挖洞來自於本能，所以這是無法讓牠停止的。可是，挖洞行為如果習慣化，可能每次挖洞就會升高興奮度，讓挖洞行為變本加厲……陷入這樣的惡性循環當中。

如果兔子已經有固定的挖掘場所了，就重新將該處打造成不能挖掘的環境，或是如P45般給予「滿足挖洞需求」的玩具等來解決問題。

兔子的心情

是基於本能的行動。請打造成不能挖掘的環境或是給予可取代的玩具。

## 宣示勢力範圍

到了青春期，有些兔子會以小便來宣示勢力範圍（有時也可能是大便）。放牠出來房間時，不妨用圍欄等劃分區域，限制牠的行動範圍。

到處「尿尿」

## 展現自己的氣味

兔子的下巴下方有個會發出氣味的部分，稱為臭腺。

這個情況通常不會變成非常惱人的事態，限制其行動範圍或許就能改善。

不斷地「磨蹭下巴」

有更了解
兔子了嗎？

穿越、爬上、啃咬！玩法無限大！

# 支援有兔子陪伴的生活

支援兔子和飼主的
兔子綜合店「兔子的尾巴」。
在此介紹其歷史和公司概要。

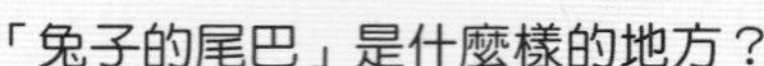

## 「兔子的尾巴」是什麼樣的地方？

「兔子的尾巴」的創業，要回溯到1997年5月。店鋪理念是「支援有兔子陪伴的生活的店」。

就如同貓狗一般，在情報還極為稀少的時代，因為「希望人們可以在家中飼養兔子」、「希望來到店裡的人都是真正喜愛兔子的人」的想法，所以大膽選在遠離車站的地方開設了「兔子的尾巴」1號店（橫濱）。現在已經有橫濱店、惠比壽店、尾山台店、柴又店、吉祥寺店、hus二子玉川店等6家店鋪（加上以住宿服務為主的洗足店，以及通販・企劃部）在營運。在活體販售和商品販售上，不論質・量都以頂級自負。此外，也不乏擁有「偶像兔」的店家，你是不是也想去看看偶像啊？

在偶像兔中，被評估為「頗有資質」的兔子們，目前正向「響片訓練」挑戰中。結果是有些兔子已經學會「瞬間才藝」了，兔子和工作人員們也全都更有熱情地投入其中。各位讀者不妨也積極地將訓練帶入生活中，等學會厲害的才藝後，請務必告訴我們。

另外，各店鋪也有專為顧客推出的飼養諮詢服務。如果在飼養上有困擾的地方，請向店員洽談。高齡兔的飼養諮詢等也很歡迎詢問。兔子的健康和長壽是我們的祈願。

代表　町田修

★「兔子的尾巴」官網
http：//www.rabbittail.com

# 取材協助店鋪

## 橫濱

賣場面積廣闊，所販售的兔子數量和齊全的生活用品都是最大等級。此外，還有住宿服務、美容、懷抱講習會，藝術家的作品展・販賣等也在實施中。

【住】神奈川縣橫濱市磯子區西町9-2
【電】045-762-1232
【營】14：00～19：00、六日假13：00～
【休】每月第3個週二

## 尾山台

立地於時髦店家並排的尾山台。店內有個大舞台，每個月都會舉辦各式各樣的活動。美容專區和住宿設施皆屬完善。步行2分鐘處就有停車場（2輛）。

【住】東京都世田谷區尾山台3-5-1
【電】03-5752-1657
【營】14：00～19：00、六日假13：00～
【休】週一・二（國定假日也有營業。如果週一・二為國定假日，週三則臨時休店）

## The Rabbit Academy & Hotel 洗足

做為講習會會場和繁忙期的旅館所使用的店鋪，也舉辦從針對專業人員的美容講座到兔子跨欄練習會等。旅館最多備有60個籠子，以方便暑假或過年時的需求。※非店鋪營業。

【住】東京都大田區北千束1-2-2
【電】03-5752-1657（代理 尾山台店）

## 惠比壽

距離JR惠比壽站・澀谷站皆在徒步圈內的絕佳地點。平日營業到比較晚，所以下班後也能前往。也有提供美容服務、懷抱講習會。

【住】東京都澀谷區東2-24-3
【電】03-5774-5443
【營】14：00～20：00、六日假13：00～19：00
【休】無休

## 柴又

在5家店鋪中面積最大。有咖啡廳空間和作家作品的展示空間，可以做為各種用途輕鬆使用。另外，住宿和美容服務、懷抱講習會等也都在實施中。

【住】東京都葛飾區柴又6-12-18
【電】03-6657-9524
【營】14：00～19：00、六日假13：00～
【休】每月第3個週二

## 吉祥寺

立地於最想居住街道NO.1的吉祥寺幽靜的住宅街上。步行2、3分鐘處有停車場（2輛）。也有提供美容服務、懷抱講習會。

【住】東京都武藏野市吉祥寺南町4-22-4
【電】0422-26-6064
【營】14：00～19：00、六日假13：00～
【休】週一・二（國定假日也有營業。如果週一・二為國定假日，週三則臨時休店）

※以上為2015年11月的資訊，可能會有所變更。請先詢問後再前往。

# 本書登場的兔子介紹

※資料為攝影當時的資訊。

### 喜馬

種類：喜馬拉雅兔
性別：雄性
生日：2014年11月
所屬：柴又店

與生俱來的身體能力，加上一看到食物就精氣神MAX的大食客。這些素質最適合進行響片訓練，才藝也是一項接一項地學會。是個什麼都難不倒的萬能選手。

### 紅葉

種類：迷你雷克斯兔
性別：雌性
生日：2014年5月
所屬：惠比壽店

個性溫順，動作並沒有那麼活潑，所以擅長的是像P77「親吻布偶」之類的「慵懶才藝」。而且動作優雅又美麗，簡直就是「偶像」的化身。美中不足的是一吃太多就立刻發胖。

### 貝克

種類：荷蘭侏儒兔
性別：雄性
生日：2014年1月
所屬：橫濱店

擔任封面模特兒。即使是在據稱大多為友善性格的荷蘭侏儒兔之中，仍有更勝一籌的親和力，撒嬌功力滿分。此外，性格耿直又認真，所以響片教導的事情都會忠實地學習掌握。

# 兔子的尾巴
# 有在從事這些事務喔！

## 店長們的秘密研習會

為了讓「兔子的尾巴」的工作人員們能給予飼主們適切的意見，會定期性舉辦研習會。例如，2015年的主題是「兔子的響片訓練」。邀請日本的頂尖講師（本書的協助者D.I.N.G.O.），透過座學＋實踐，紮實地學習。

## 懷抱講習會

「照著書本做，還是做不好」──因此煩惱的飼主並不少。這個時候不妨參加「懷抱講習會」。還有放出籠的懷抱、健康檢查的懷抱等不同主題的講習會。這是可以向專家詢問的好機會。（※有時可能是收費課程，請事先洽詢。）

## 清潔美容講習會

在換毛期時，兔子自己也會熱心地理毛，不過大量吞下脫落毛可能會危害健康。因此，由專家傳授正確的梳毛方法就是非常重要的事。此外，也有以參加講習會者為對象的兔子託管服務（要收費），歡迎洽詢。

# 兔子的祭典，兔子Festa盛況空前！

你知道日本最大的兔子活動「兔子Festa」嗎？這是「兔子的尾巴」從2004年開始每年都會舉辦的兔子活動，從2015年開始已經變成會在春天和秋天共舉辦2次的活動了。

內容有兔展和時裝秀、藝術家的作品販售、懷抱講習會等，非常豐富。從2014年秋天開始，納入了「兔子跨欄」項目，備受矚目。除了舉行比賽之外，也實施講習會。因為是讓兔子滿足與生俱來的「跑」或「跳」等需求的比賽，不妨可以挑戰看看。

此外，也有「兔子的響片訓練」等關於兔子訓練的企劃。請務必到場參加。

## 兔子Festa的參加須知

※兔子跨欄等部分活動必須事先申請。

※活動日期、會場的路線交通等詳細內容，請在出門前於「兔子的尾巴」官網等進行確認。

※未裝入提籠中的兔子不可進場。另外，不習慣外出的兔子或月齡尚小的幼兔，請儘量避免一起到場。

※兔子以外的動物不可入場。

Fashion Show

也舉辦兔子的時裝秀。可以和飼主的造型進行搭配，是很受歡迎的與兔同樂企劃。

Hopping

看到兔子帥氣地跳過障礙的模樣，飼主應該會重新愛上兔子吧！

人家一直都是
最喜歡飼主的喲！

# 結語

謝謝大家閱讀到最後。
與兔子的遊戲和訓練進行得如何了呢？

不管是遊戲還是訓練，重要的是必須愉快地持續下去。
尤其是兔子的時間感覺非常正確，可以的話，
在每天固定的時間跟牠玩是最理想的。
如果兔子會以「來玩吧！」的眼神看著你的話，
就太讓人高興了。

遊戲來自於本能，所以在心血來潮的時候
讓牠玩就可以了，但在教養和教導才藝上，
不管是兔子還是飼主，都必須要有耐性才行。
因此，不要強迫兔子，也不要有過度的期待，
而是要快樂地學習。這麼一來，
飼主和兔子才能沒有壓力地一直持續下去。

另外，希望大家記住的一點是，
「兔子有個體差異，
有喜歡學習的兔子，也有不擅長學習的兔子」。
萬一無法教導兔子學會你期待的遊戲或才藝、教養，
也請認為這就是牠的個性，毫不保留地繼續愛著牠。

最後，不僅限於兔子，和生物一起生活，
並不只有快樂的事而已，也有很多事未必會盡如人意。
請去感受因為有緣才能在一起的小小生命
所帶來的責任和溫暖，珍惜地度過每個日子。
因為兔子並不是用話語，而是用牠的心在告訴你
「真正重要的事」。

■監修

「兔子的尾巴」代表 **町田 修**

1997年，在橫濱創立兔子專門店「兔子的尾巴」。以「支援有兔子陪伴的生活的店家」為宗旨，提倡讓飼主和兔子的生活都變得更舒適快樂的生活型態，也從事獨創商品的開發。代表作有「わらっこ倶樂部」等。2001年後取得American Rabbit Breeders Association（美國）官方認可，以橫濱灣兔子倶樂部會長的身分舉辦兔展，致力於純種兔的普及。在每年的春天和秋天主辦日本最大的「兔子Festa」。2015年也推出了和本書相關的兔子響片訓練DVD。http://www.rabbittail.com/

■訓練協助

**D.I.N.G.O.**

**新居和弥**

日本響片訓練的先導者。在「兔子的尾巴」和「兔子Festa」舉辦了關於兔子響片訓練的學習會和練習會，獲得好評。代表新居和弥每天都和愛犬魯夫特（薩摩耶犬）一起進行動物的科學式訓練研究。

http://www.dingo.gr.jp/

## 日文原著工作人員

| | |
|---|---|
| 編輯・執筆 | 木村悅子（ミトシロ書房） |
| 封面・內文設計 | 吉田ルミ（avec 1 oeuf） |
| 插圖 | ベリー（VeryBerry） |
| 攝影 | 日野道生（Vale Lab） |
| 企劃・進行 | 打木 步 永沢真琴 |



定價280元

動物星球 13

# 兔子的快樂遊戲書(暢銷版)

監　　修 / 町田修

譯　　者 / 彭春美

出 版 者 / 漢欣文化事業有限公司

地　　址 / 新北市板橋區板新路206號3樓

電　　話 / 02-8953-9611

傳　　真 / 02-8952-4084

郵 撥 帳 號 / 05837599 漢欣文化事業有限公司

電 子 郵 件 / hsbookse@gmail.com

二 版 二 刷 / 2023年2月



國家圖書館出版品預行編目資料

兔子的快樂遊戲書 / 町田修監修；彭春美譯.
-- 二版. -- 新北市：漢欣文化, 2023.02
112面；21X17公分. --(動物星球；13)
ISBN 978-957-686-785-9(平裝)
1. 兔　2. 寵物飼養

437.374　　108014788